猫が教える

KEYBOARD SHORTCUTS taught by CATS

ショート
カット
キー150

著：宮本朱美
絵：七海ときな

JN003156

インプレス

僕たちのご主人は帰ってきても仕事をしている。
本当はもっと構って欲しいんだよね。

ビール片手に「あーでもない、こーでもない」とカタカタ。
難しい顔ばかりしてるから遊んでって言えない。

でも、僕たちは知ってるんだ。
もっと効率よくできる方法を。

だからご主人が寝た後
こっそり手伝ってるんだ。
ショートカットキーを使ってサクサクと。
(ご主人が覚えてくれたらいいのになぁ)

さて、今晩も頑張りますか。
次の日曜は遊んでくれるかなぁ。

目次

Windows10

Excel 2019

目次

目次

PowerPoint 2019

キーボードサンプル

●本書の解説で使用しているキーボードは上記を参考にしています。フルキーボード、デスクトップパソコン、ノートパソコンなどご使用のキーボードによっては、キー配列やキートップの表示が異なる場合があります。

●本書の情報は2020年2月現在のものです。

●Microsoft、Windows10、Excel 2019 、Word 2019、PowerPoint 2019、Office 365はMicrosoft Corporationの商標または登録商標です。

●本書の画像はOffice 365で作成しています。

●その他本書の中で紹介される製品名などは、各メーカーの商標あるいは登録商標です。

●本文中には™および®マークは明記していません。

●本書に掲載されている操作によって生じた損害や損失については、著者及び株式会社インプレスは一切の責任を負いません。個人の責任の範囲でご利用ください。

Windows10

スタートメニューを表示する

うぃんどうず

🪟

または

こんとろーる
Ctrl

＋

えすけーぷ
Esc

さあ、ご主人が寝てる間に、ちゃちゃっと仕事を片付けちゃうぞ。まずは🪟キーを押して、スタートメニューを開くよ！　左下にある田の字のようなマークが付いたキーさ。スタートメニューのタイルの中身は、自分好みに入れ替えられるんだ。パソコンを終了するのもここからだよ！

ドラッグしてサイズを変えられる

こんな感じ！

よく使うアプリを、左側にある一覧から右側のタイルにドラッグして登録しておくと便利！

設定画面を表示する

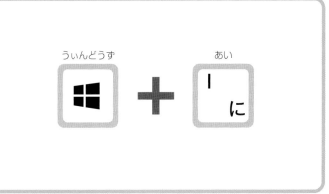

うぃんどうず

⊞ + あい

やっぱ気持ちよくお仕事するには、ぼくの使いやすいように、いろいろ設定をちょいちょいいじりたいにゃ。⊞＋Ⅰを押せば、Windowsの設定画面がすぐ開くんだよ。どこに何の設定があるのか覚えてなくても、検索欄に関係ありそうな単語を入力すれば、簡単に見つかるんだ。

こんな感じ！

検索欄を活用するにゃ！

検索欄にキーワードを入力すれば、オススメの設定項目を提案してくれるよ。

デスクトップを表示する

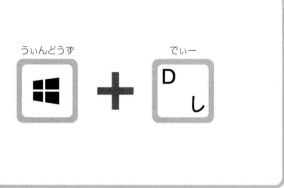

うぃんどうず

でぃー

はわわわ、たくさんウィンドウ を開きすぎて、どこに何がある かわからないよ！ ギャー！ はちゃめちゃだ〜！

ごちゃごちゃが

落ち着け〜、もー。■+Dを押 せば、一瞬でデスクトップが表 示されるぞぉ。ヤバいファイル もとっさに隠せるよー！

スッキリ！

Cats talk

またご主人は散らかしっぱなしで寝ちゃってるし。ビール片手に……。

仕方ないよ、連日終電だからね。だからボクたちが手伝うんじゃない。

Windowsのデスクトップは「ウィンドウズキー＋D」を押すと最小化**されて綺麗になるのに。**

そうだよ、オレも片づけ手伝うよ（冷蔵庫を開けている）**ムシャムシャ。**

そうじゃない！
勝手に食うんじゃない！

アクションセンターを表示する

うぃんどうず

えー

A
ち

Windows 10のアクションセンターは、いろんなお知らせを確認したり、よく使う設定をすばやく変更できる新機能だ。 以前のWindowsのアクションセンターは、「セキュリティとメンテナンス」と名前が変わったよ。■+Aをもう一度押すと、アクションセンターを閉じられるよ。

こんな感じ！

新しいアクションセンター

タスクバーの右端にあるフキダシアイコンをクリックしても開けるよ。「集中モード」をオンにすると、通知を最小限にできる。

画面の表示モードを選択する

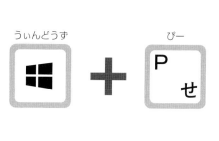

うぃんどうず
■

＋

ぴー
P
せ

ボクみたいなできる男は、パソコンも広々とした画面で使いたいわけよ（ふんっ）。ご主人のノートPCに、外付けディスプレイをつないで■＋Pを押せば、2画面をつないで広いデスクトップにできるんだ。両方に同じ内容を表示する「複製」は、プレゼンのときに使えるよ！

こんな感じ！

4種類の表示モードを選べる

Windows+Pを押すと、画面表示モードが順番に切り替わる。ディスプレイを複数接続したときだけ使える機能だよ。

ワイヤレスデバイスを接続する

うぃんどうず

[⊞]

+

けー

[K] の

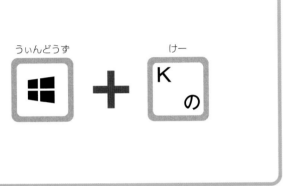

Bluetooth接続のヘッドホンをパソコンにすばやく接続するには、⊞＋K！ ペアリング済みの無線機器が一覧表示されるから、再接続がラクにできるよ！ 気分よく仕事をするには、音楽も欠かせないよね。っつってもボクの耳にはヘッドホン合わないんですけど！ むきぃー！

接続できる機器を表示

こんな感じ！

ワイヤレス対応ディスプレーや、Bluetoothヘッドホンなどを、ここからすばやく再接続できる。

プロパティを表示する

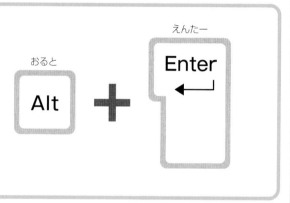

おると
Alt

＋

えんたー
Enter

ファイルのプロパティって結構あなどれない。例えば写真だったら、カメラの機種名や、フラッシュを使ったかどうか、撮影場所の位置情報なんかも見られるんだぞ。人に写真を送るときは、「プロパティや個人情報を削除」をクリックすればそういった情報を一発で消せるから安心だぁ。

こんな感じ！

写真ファイルのプロパティ

写真から位置情報などを消すには、「詳細」タブの「プロパティや個人情報を削除」をクリック！

タスクマネージャーを表示する

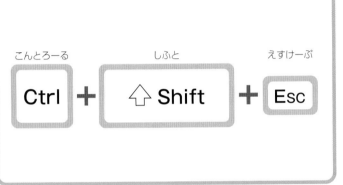

こんとろーる

Ctrl ＋

しふと

⇧ Shift ＋

えすけーぷ

Esc

なんかパソコンの動作が遅いな……？ お前ら、なんで裏でゲームなんか動かしてるんだ、しかもフリーズしてるし！ Ctrl ＋ Shift ＋ Esc でタスクマネージャーを出して、ソフトを強制終了するぞ！ここでCPUやメモリーの使用割合を見れば、どのアプリが重いのかもわかるんだ。

こんな感じ！

動作が遅くなったら確認！

フリーズしてるアプリを選んで、「タスクの終了」をクリックすると、アプリを強制終了できる。

検索ボックスを開く

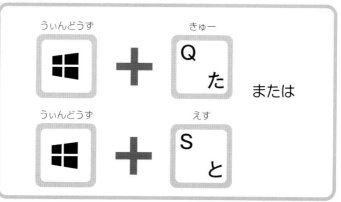

うぃんどうず ＋ きゅー Q た

または

うぃんどうず ＋ えす S と

わざわざショートカットを押すまでもなく、タスクバーにデーンと居座って存在感をアピールしてるのが、Windows 10の検索機能。ファイルやメール、Windowsの設定項目からインターネットの情報まで、なんでもここから調べられるんだ。猫語には対応してないけどなあ〜。

こんな感じ！

アイコン表示にすると◎

タスクバーを右クリック→「検索」→「検索アイコンを表示」を選ぶと、検索ボックスを隠して虫眼鏡アイコンだけにできる。

タスクバーからアプリを起動する

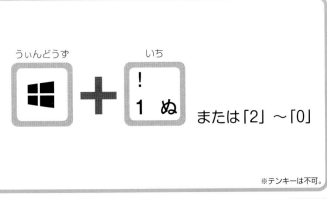

うぃんどうず

■

+

いち

! 1 ぬ

または「2」～「0」

※テンキーは不可。

よく使うアプリは、タスクバーにピン留めしておこう！タスクバーにピン留めした左から10番目までのアプリは、■+①～⓪の組み合わせで、一発起動できるんだ。さらに■を長押ししたまま①～⓪を押すと、そのアプリで開いているウィンドウも一覧できるよ。

こんな感じ！

左から2番目のアプリはWindows+2

Windowsキーを長押ししたまま1～0を押すと、アプリで開いているウィンドウ一覧も表示する。

タスクビューを表示する

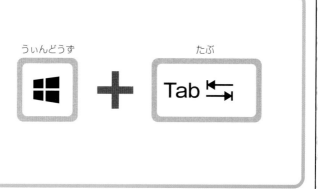

うぃんどうず

たぶ

Tab

タスクビューは、仮想デスクトップの切り替え、開いているウィンドウの一覧、過去1か月間の作業履歴と、3つの機能をひとまとめにしたもの。まぁ要するに作業場所をここからサッと選べるってことだぁ。開いているウィンドウを順に切り替える、[Alt]+[Tab]も覚えておけよぉ。

こんな感じ！

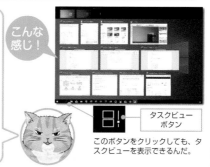

タスクビューボタン

このボタンをクリックしても、タスクビューを表示できるんだ。

カレンダーを表示する

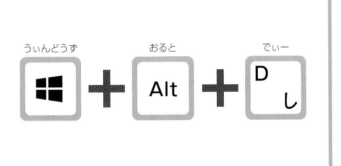

うぃんどうず
おると
でぃー

■ + Alt + D し

ボクたち猫だって、けっこう忙しいんだぞ。Windows 10のカレンダーは、日付を確認するだけじゃなくて、新しい予定を直接書き込めるんだ。さっそく猫缶の特売日をご主人のスケジュールに書いておいてあげよーっと。タスクバーの時計をクリックしても、カレンダーを表示できるよ。

こんな感じ！

時計をクリックしてもOK

ショートカットキーで、さっとカレンダーを確認、思い立ったスケジュールをすぐ書き込めるよ！

エクスプローラーを起動する

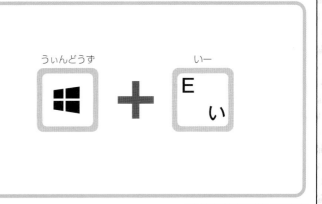

うぃんどうず

■

＋

いー

E
い

ファイル操作に欠かせないエクスプローラー。これを制する者が勝利を……って、おい、いくつ開いてんだよ！

複数のエクスプローラーが開いた

限界に挑戦にゃー!! まとめて閉じるには、タスクバー上のアイコンを右クリックして「すべてのウィンドウを閉じる」だよ。

エクスプローラーのウィンドウをまとめて閉じるショートカットはない。タスクバーから実行だ！

新規ウィンドウ／ファイルを開く

こんとろーる
Ctrl

＋

えぬ
N
み

今使っているアプリで、新たに別のウィンドウを開いたり、新しいファイルを作成するには、Ctrl＋Nを押すんだ。"New" のエヌだぞ！　もー、ちゃんと覚えたか？

バッチリだよ！　ほとんどのアプリで共通のショートカットだからね〜。エクスプローラーでは、Ctrl＋Nと、⊞＋Eのショートカットが、おんなじ効果なんだね。

ファイルやフォルダーを閉じる

こんとろーる
Ctrl ＋ **W** て

ファイルやフォルダーを閉じるときに、ウィンドウの角にある小さなボックスを、苦労してクリックしてないかー!?　そういうときは、Ctrl＋Wで閉じられるんだぞー！

ウィンドウがたくさん開いていても、Ctrl押しっぱなしにしてWを連打すれば、ドンドン閉じるんだぁ。そのアプリでほかに開いているウィンドウがなければ、アプリ自体が終了するぞぉ！

新（あたら）しいフォルダーを作成（さくせい）する

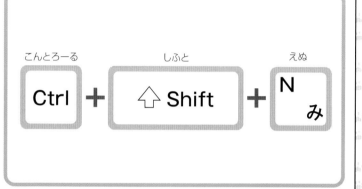

こんとろーる

Ctrl

しふと

⇧ Shift

えぬ

N　み

エクスプローラーで操作中の
フォルダーやデスクトップに、
新しい空のフォルダーを作る
よ。フォルダーの名前欄が選
択状態になっているので、そ
のまま入力して Enter を押せ
ば、新しい名前のフォルダー
ができる。さらに続けて Enter
を押すと、フォルダーを開け
るんだ。

こんな感じ！

名前欄が入力状態に

わざわざメニューから選ばなくて
も、新しいフォルダーをショート
カットでサクッと作れるよ。

Cats talk

オレも昔はやせてたよなぁ。

子猫のときから知ってるけど、そんな時期あったっけ？

いま証拠の写真見せちゃる（ゴソゴソ）。うーん、画像フォルダーがごちゃごちゃで見つからないなぁ〜。

そういう時は「Ctrl＋Shift＋N」で 新規フォルダーを作って整理したら 便利だよ。
で、どこ？ そのやせてた時の写真？

……。今度整理しておくよ。今度。

前のフォルダーに戻る、進む

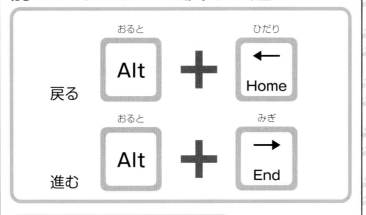

おると | ひだり
戻る　Alt ＋ ← Home

おると | みぎ
進む　Alt ＋ → End

エクスプローラーでフォルダーをあちこち開いて移動中に、「前のフォルダーに戻りたい！」ってときは、Alt +←。何度も押せば、どんどん前のフォルダーにさかのぼれるんだ。

BackSpaceでも同じように戻れるぞ〜。ふたつのキーを押すのが面倒くさいオレには、こっちのほうが便利だな……。気が変わったらAlt +→で、戻る前のフォルダーに移動だ〜（モグモグ）。

親フォルダーに移動する

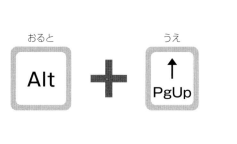

おると
Alt

＋

うえ
↑
PgUp

ボクたちは子猫のときにこの家に来たから、親の顔もあんまり覚えてないけど、たまに思い出すんだ。まだ目も開かない兄弟たちと押し合いながらぬくぬくとミルクを飲んでいた日々を……。ボクたちはそんな日に戻れないけれど、ウィンドウズなら Alt + ↑ で、いつでも親に戻れるよ！

こんな感じ！

フォルダー移動ボタン

親フォルダーに移動するショートカットは、フォルダーの左上端の↑ボタンを押すのと同じだよ！

ファイルの名前を変更する

えふに

F2

きぃーっ！ ファイルの名前を変更したいんだけど、名前をピンポイントでクリックするのが手間だし、ファイルを選んでしばらく待たないと編集可能にならないのが地味にイラつく！

みぃは意外と短気だにゃ〜。そんなときはエクスプローラーで名前を変更したいファイルを選んだら、すかさず F2 を押すといいにゃ。ほら、すぐ編集できるよ。ふふ〜ん♪ ぼくってすごい？

ファイルを削除する

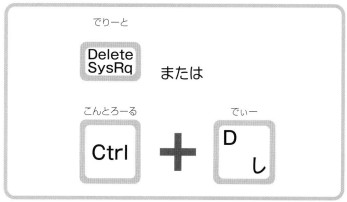

でりーと
Delete
SysRq

または

こんとろーる
Ctrl

＋

でぃー
D
し

ファイルをゴミ箱にドラッグするのもめんどくさい……。そういうときは、捨てたいファイルを選んで、Delete を押すんだぁ。気が変わったら、ゴミ箱を開ければ取り出せるよ。こんなファイル、世界から抹消だ！ってときは、Shift + Delete だぁ。実行後は取り戻せないから、慎重にな！

こんな感じ！

削除
このファイルを完全に削除しますか？

まるの秘密日記.docx
種類: Microsoft Word 文書
サイズ: 0 バイト
更新日時: 2020/01/06 13:28
可用性の状態: 同期保留中

はい(Y)　い

「はい」を押すと即座に削除

Deleteを押すとゴミ箱へ行く。Shift+Deleteだと、上の確認画面が表示され、「はい」をクリックすると完全削除される。

すべてのファイルを選択する

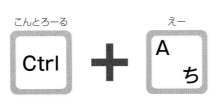

こんとろーる
Ctrl

＋

えー
A
ち

あるフォルダーから別の場所にファイルを移動したいとき、まさかひとつずつチマチマ選んでないよね？ エクスプローラーでは、Ctrl＋Aで、操作中の場所にあるファイルやフォルダーがすべて選択される。ワードやエクセルでは、操作中の書類の文字やセルが全選択されるよ。

これが

こう！

選択項目を追加する／除外する

Ctrl ＋ クリック

Ctrl＋Aでファイルをいっぺんに選択したあと、ひとつかふたつだけ選択から除外したいってときあるよね。そういうときは、Ctrlを押しながらクリックすると、選択から外せるよ。逆に、選択されていないファイルをCtrlを押しながらクリックすると、選択項目に追加できるよ。

これが

こう！

ファイルをコピーする、切り取る

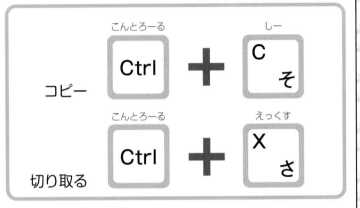

こんとろーる　しー
コピー　Ctrl ＋ C そ

こんとろーる　えっくす
切り取る　Ctrl ＋ X さ

パソコンを使えば、コピーがカンタン。ショートカットひとつで、いくらでも増やせる！　もうね、手書きと比べてパソコンを使う最大のメリットといっていいね。

貼り付けのショートカットキー（Ctrl＋V）とセットで、頭に叩き込んでおけよー！　ぼくらのおやつも、こんなふうに無限に増やせたらいいのににゃ——!!

ファイルを貼り付ける

こんとろーる
Ctrl ＋ ぶい V ひ

Ctrl+Cでコピー、Ctrl+V で貼り付け。これはセットで指に刻み込めー！ コピーしたデータは「クリップボード」と呼ばれる場所に一時保管され、Ctrl+Vで何度でも張り付けられるぞ。ただし、張り付ける前にPCの電源を落とすと、クリップボードの中身は消えてしまうので注意な。

こんな感じ！

何度でも貼り付けられる

Ctrl+Cでコピーしたあと、Ctrl+Vを押せば、何度でも同じデータを貼り付けられるぞ。

クリップボードの履歴を表示する

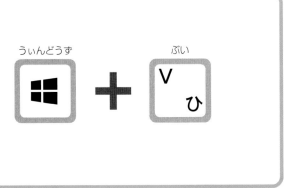

うぃんどうず

■ ＋ V ぶい
ひ

クリップボードが、ウィンドウズのアップデートでパワーアップしたんだよ！ ■+V キーを押して履歴をオンにすると、25個までコピーしたデータを保存できるんだ。さらに同じMicrosoftアカウントでサインインすると、複数のPC間でクリップボードをクラウド同期できるよ。

こんな感じ！

クリップボードが強化された！

Microsoftアカウントを登録すると、別のPCでコピーした画像やテキストも貼り付けられるよ。

絵文字を入力する

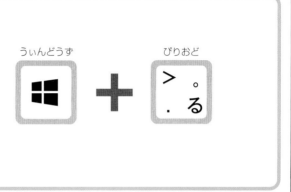

うぃんどうず

■ ＋ ＞ 。 ぴりおど
. る

■ ＋ ． (ピリオド) を押すと、絵文字パネルが開いて、絵文字がカンタンに入力できるんだ。iPhoneやAndroidとも、絵文字入りのメールをやり取りできるんだぞぉ。生オイスターとかベーコンとか、変わった絵文字があっておもしろいぞ！ あー腹減ってきたぁ。

クリックして絵文字を入力

こんな感じ！

一番下のアイコンで、ジャンルを切り替えられるよ。オレのお気に入りは、食べ物絵文字だぁ。

039

操作を取り消す、やり直す

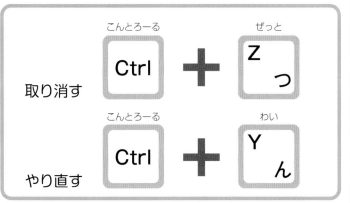

こんとろーる　　　　　　　　　　ぜっと

取り消す　Ctrl ＋ Z っ

こんとろーる　　　　　　　　　　わい

やり直す　Ctrl ＋ Y ん

うわっ、 手が滑ってファイルを違うフォルダーに入れちゃったよ！ どこに行ったかわからない！ そんなときは、あせらず Ctrl + Z 。直前の操作を取り消して、元に戻せるんだ。 やっぱり気が変わった〜ってときには、 Ctrl + Y を押すと、直前に取り消した操作を再実行できる。

これが

こう！

ファイルが元に戻った！

Cats talk

タイムマシンって欲しいよね。いや、過去に戻るだけでもいいんだよ、うん。

どうした……ってオイ！
ビールこぼれてんじゃん！

ボクじゃない！　ボクじゃないって！
ボールで遊んでたからじゃないって！

現実でも元に戻すとかってできたらいいのにね～。

のんきか！そんな「Ctrl＋Z」 みたいなことはできねぇよ！

パソコンをロックする

うぃんどうず　　　　　　　　　　　　　　　える

■ ＋ Ｌ（り）

仕事がんばったらちょっとお腹すいたなぁ。ご飯食べてる間に、もーにいたずらされないように、パソコンをロックしておくか……。あっれー、ロックってどこにあるんだっけ？

■＋Ｌですぐロックできるから覚えておけよ！スタートメニューをごそごそ探さなくても……って、お前の作った「まるの今日のおやつスケジュール」って、これ仕事かよ!?

ファイルを開く

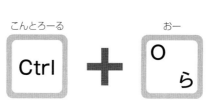

こんとろーる

Ctrl

おー

O ら

アプリを使用中に、さらにファイルを開きたくなったら、[Ctrl]+[O]を押せーっ！ すると、どのファイルを開くか選ぶダイアログボックスが表示されるぞ。でもな、エクスプローラーでは、ファイルやフォルダーのアイコンを選択して[Ctrl]+[O]じゃあ開かない。[Enter]で開く。覚えとけよ！

こんな感じ！

すばやくファイルを開こう

ほとんどのアプリで共通。ショートカットは、Ctrl＋OpenのO（オー）と覚えておこう。

ファイルを保存する

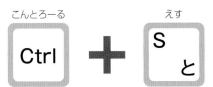

こんとろーる
Ctrl ＋ えす **S** と

アプリが落ちたり、コンセントを間違えて抜いたり。いつなにが起こったとしても、一度入力したデータはぜ――ったいなくしたくないな！ もう一回入力って考えると、やる気なくす！

もうね、ちょっとのすき間でも、Ctrl＋Sでファイルを保存するのがクセになっちゃったね。でも、最近のアプリは、自動保存どころかクラウド同期も当たり前だもんなぁ……（遠い目）。

Cats talk

みいえも〜ん、こぼれたビールはどうしよう〜。

誰がみいえもんだよ！
とにかくご主人が気づかないうちに元に戻して！

拭くのはできるけど……（減ったのはバレるよね？）。

データは……大丈夫。もしもの時を考えて
常に「Ctrl＋S」で保存
しないとね。

そうだね……
（飲んで空っぽだったことにしちゃえば……）

ファイルを印刷する

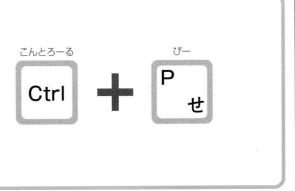

こんとろーる
Ctrl

＋

ぴー
P せ

印刷のショートカットなんて覚えたって、うちにはプリンターなんてないじゃん！ 時代はペーパーレスだし！なーんて言わない、言わない。アプリによっては、印刷画面から書類をPDFに変換したり、OneNoteに貼り付けたりできる、便利な使い道があるんだってば。

こんな感じ！

PDFを作成できる！

どんな書類も「印刷」でPDFに変換できる機能が備わった。人に書類を送るときに活用しよう！

アプリを終了する

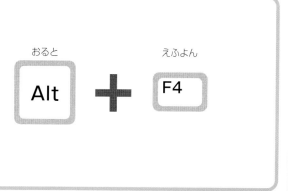

おると
Alt

＋

えふよん
F4

「ファイル」メニューから「終了」を選んでアプリケーションを終わらせる？ はっ、そんなの素人のやることにゃ！ボクみたいな達人は、[Alt]＋[F4]ショートカットでちょちょいと終了さ。保存してない書類がある場合は、警告が出て終了をキャンセルできるから、うっかりさんも安心！

こんな感じ！

なんでも終了！

デスクトップでAlt＋F4を押せば、ウィンドウズを終了することもできちゃうよ！

047

リボンを展開する／閉じる

こんとろーる
えふいち

Ctrl ＋ **F1**

ノートPCだと、画面が狭いから、このリボンってのがじゃまして肝心な書類が見づらいときがあるのな。タブをクリックすると一時的にリボンを開けるけど、マウスを離すと勝手に閉じちゃうし……。そういうときは、Ctrl＋F1を押すと、リボンが閉じたり開いたり、自由自在にゃ！

これが

こう！

Altコマンドを表示する

おると

Alt

ウィンドウズは、実はキーボードだけで何でもできるんだぞぉ。どんなアプリでもいい。[Alt]を押すと、画面のあちこちにアルファベットや数字が表示されるだろ。それをキーボードで入力すると、マウスクリックと同じように操れるんだ。無精者のオレにピッタリなワザだな。ふふぅ。

こんな感じ！

なんかいっぱい文字が現れた！

Altを押すと、画面に文字が表示。操作したい場所の文字をキーボードで入力して操作できる。

最前面のウィンドウ以外を隠す

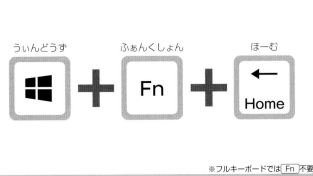

うぃんどうず　　　ふぁんくしょん　　　ほーむ

■ ＋ Fn ＋ ←Home

※フルキーボードでは Fn 不要

集中するために、ほかのウィンドウは見たくない！ ってときは■＋ Fn ＋ Home 。アクティブなウィンドウだけ残して、ほかを隠せるんだ。もう一度押すと、元に戻るよ。ウィンドウの上端でマウスの左ボタンを押したままフリフリと動かすジェスチャーでもいいんだにゃ。

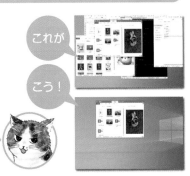

これが

こう！

ウィンドウを画面の端に整列する

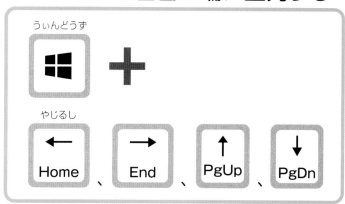

うぃんどうず

＋

やじるし

←	→	↑	↓
Home	End	PgUp	PgDn

、　　　、　　　、

画面の左半分に資料を、右半分に書類を開いて作業したい──なんてときに便利な機能。⊞+←、⊞+→で、ウィンドウサイズを画面の半分にピッタリ変更できるんだ。さらに⊞+↑、⊞+↓の矢印で、ウィンドウサイズを上下半分にしたり、最大化/最小化できるんだよ。

これが

こう！

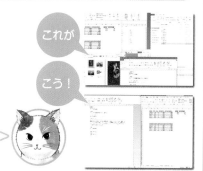

051

スクリーンショットを撮影(さつえい)する

ふぁんくしょん

Fn

＋

ぷりんとすくりーん

Insert PrtScr

※フルキーボードでは **Fn** 不要

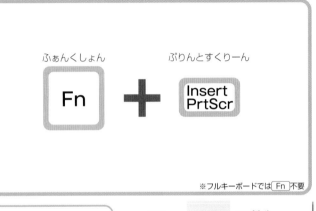

画面全体を撮影したいときはこれ。さらに **Alt** を付けると、ウィンドウだけ撮影される。撮影した画像はクリップボードに一時保管されるので、画像対応アプリで貼り付けて保存しよう。そんなの面倒！ってときは、撮影後、自動保存するショートカット（P.54）を使うといいよ。

こんな感じ！

クラウド同期に対応

クリップボードの履歴（P.40）と同期をオンにすれば、撮影画像を別のパソコンからも利用できる。

Cats talk

（拭き掃除しながら）
机を元通りにしておかないとマズいよねぇ。

そんな時は「Fn＋PrtScr」！
で、ひとまず今の状態を撮っておけ
ば──。

みいは何でもショートカットにたとえたら許
されるって思ってるでしょ。

辛辣……だね
（ってかお前がビールをこぼしたからややこしくなってる
のに）。

スクリーンショットの撮影と保存

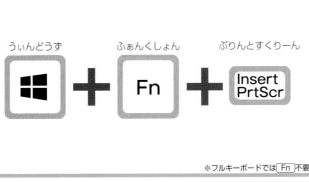

うぃんどうず　　　　ふぁんくしょん　　　　ぷりんとすくりーん

■ + Fn + Insert PrtScr

※ フルキーボードでは Fn 不要

スクリーンショットを撮影したら、保存するに決まってるじゃん、いちいち貼り付けて保存なんて面倒！　って人はこれ。■ + Fn + PrtScr を押すと、撮影した画像が自動で保存されるんだ。保存場所は「ピクチャ」フォルダーの中の「スクリーンショット」だよ。

スクリーンショットはここ！

こんな感じ！

撮影した画像は「ピクチャ」→「スクリーンショット」フォルダーに保存されるよ。

スクリーンショットの範囲を指定

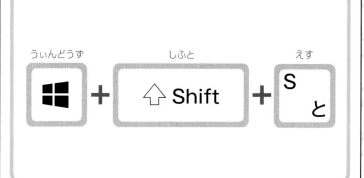

うぃんどうず ⊞ + しふと ⇧ Shift + えす S と

画面の一部だけ撮影したいなってときはこれ。押すと画面が暗転してカーソルが十字に変わるので、撮影範囲をマウスで指定するにゃ。「切り取り領域がクリップボードに保存されました」という通知をクリックすると、「切り取り＆スケッチ」アプリが開き、画像を保存できるんだよ。

こんな感じ！

書き込みもできるよ

「切り取り＆スケッチ」アプリでは、撮影した画像に注釈などを書き込むこともできるよ。

みい   4歳

ショートカットにたとえてツッコミを入れる。※上手ではない。

生まれてから飼い主が家で仕事をする姿を見ている。

子猫の時にマウスのカーソルを見て追いかけてたことでモニターを見る癖がついた。

机にあった『ショートカット本』を読んで開眼した。

知能レベルは高い。

飼い主が稼ぐと餌のレベルが上がることを知っている。

面倒見が良い。

Excel

上のセルのデータを複製する

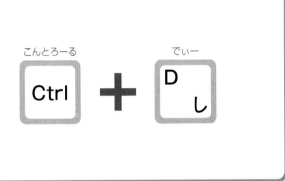

こんとろーる
Ctrl

+

でぃー
D
し

上のセルの内容を下にあるセルに複製をしたいときは、コピー元を含む範囲を選択してCtrl+Dにゃ。もっと手軽なのは、コピー元にしたいセルを選択して右下の角をダブルクリック！ すると、その下に続く列の端まで、文字も関数も書式も複製されるよ！

これが

	A	B
1	名前	フリガナ
2	森野くま	モリノクマ
3	野原の猪	
4	山野兎	
5	家野三毛猫	
6	野良野虎猫	
7	牛柄猫	

こう！

	A	B
1	名前	フリガナ
2	森野くま	モリノクマ
3	野原の猪	ノハラノイノシシ
4	山野兎	ヤマノウサギ
5	家野三毛猫	イエノミケネコ
6	野良野虎猫	ノラノトラネコ
7	牛柄猫	ウシガラネコ

左のセルのデータを複製する

こんとろーる
Ctrl

+

あーる
R
す

左にあるセルの内容を、右にあるセルに複製するショートカットだ。Ctrl+Dが下に向かってコピーしたのに対して、Ctrl+Rは、右に向かって複製していく。コピーしたいセルを含む右側の範囲を選択してCtrl+Rを押すと、一番左の列の文字列、関数、書式がすべてのセルに複製されるよ。

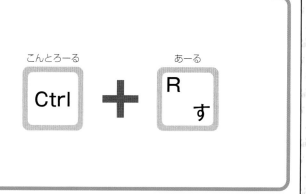

これが

	A	B	C	D
1	品名	チョコ	グミ	クッキー
2	単価（税抜）	¥50	¥200	¥300
3	個数	9	8	10
4	金額（税抜）	¥450		
5	金額（税込）	¥495		
6				

こう！

	A	B	C	D
1	品名	チョコ	グミ	クッキー
2	単価（税抜）	¥50	¥200	¥300
3	個数	9	8	10
4	金額（税抜）	¥450	¥1,600	¥3,000
5	金額（税込）	¥495	¥1,760	¥3,300
6				

上のセルの値を貼り付ける

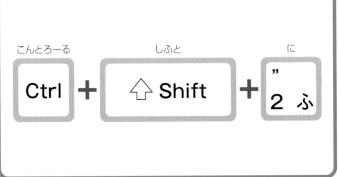

こんとろーる		しふと		に
Ctrl	+	**⇧ Shift**	+	**2 ふ**

数式が入ったセルをコピーして別のセルに貼り付けると、数式がコピーされちゃう。計算結果だけコピーしたいときは、どーしたらいい？ [Ctrl]+[Alt]+[V]（P.61）で「形式を選択して貼り付け」でもいいけど、上のセルの値を下のセルに貼り付けるなら、このショートカットで1発だよ！

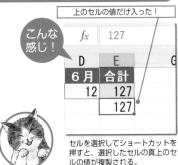

上のセルの値だけ入った！

こんな感じ！

fx	127	
D	**E**	**G**
6月	**合計**	
12	127	
	127	

セルを選択してショートカットを押すと、選択したセルの真上のセルの値が複製される。

形式を選択して貼り付ける

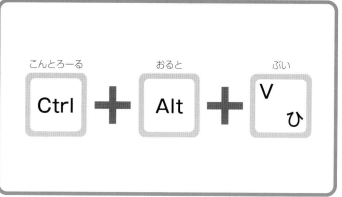

こんとろーる
Ctrl

おると
Alt

ぶい
V
ひ

コピーしたセルを貼り付ける
とき、通常のショートカット
に Alt を追加すると、貼り付
ける内容を選択できる。「書
式」をチェックすれば、文字の
サイズやセルの色といった書
式だけ貼り付けられるし、「行
/列の入れ替え」をチェックす
れば、表の縦横を入れ替えて
複製できるんだ。

こんな
感じ！

何を貼り付けるか選べる

「書式」と「列幅」だけなど、貼り
付ける内容をチェックボックスで
複数指定できる。

セル内のデータを編集する

えふに

F2

エクセルって、セルを選択した状態で文字入力し始めると、元データが上書きされちゃう。ところが、セルを選択してF2を押せば、元データの末尾にカーソルが移動して、文字を追加できるんだ。マウスでダブルクリックしても同じ状態になるけど、F2を押すほうが、ラクだよなぁ〜?

こんな感じ!

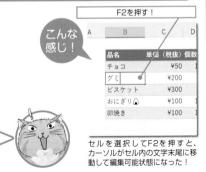

F2を押す!

A	B	C	D
	品名	単価（税抜）個数	
	チョコ	¥50	
	グミ	¥200	
	ビスケット	¥300	
	おにぎり	¥100	
	卵焼き	¥100	

セルを選択してF2を押すと、カーソルがセル内の文字末尾に移動して編集可能状態になった!

Cats talk

ポテチうめぇなぁ。自動で口に運んでくれる装置ないかなぁ。過程を1つ減らすだけでも楽なんだよなぁ。

食べることくらい面倒くさがらずにやれよ！

とか言いつつ、本当はあるんでしょ？

エクセルで、セルをダブルクリックするのが面倒なら「F2」押せよって言うけど、食べることにそんなのはねぇよ！

たとえ長ぁ〜

データを検索(けんさく)、置換(ちかん)する

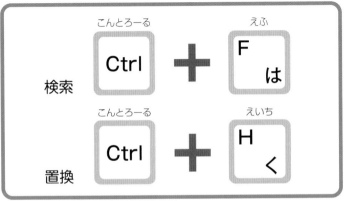

検索	こんとろーる **Ctrl**	＋ えふ **F** は
置換	こんとろーる **Ctrl**	＋ えいち **H** く

あのデータはどこ？ ってときに活躍するのが検索。検索ダイアログで Enter を押すと、次の検索結果にジャンプできるんだぁ。田から始まり、子で終わる名前を検索したい、なんてときは、「田*子」で検索すればOK。置換は、検索した文字を指定した文字に置き換えられる便利なワザだ。

こんな感じ！

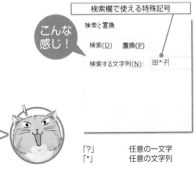

検索欄で使える特殊記号	
「?」	任意の一文字
「*」	任意の文字列

同じ内容をまとめて入力

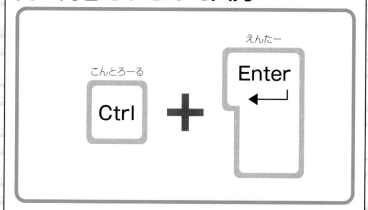

こんとろーる
Ctrl
えんたー
Enter

複数のセルに、同じ内容を入力したいとき、コピーしたデータをひとつずつ貼り付けてまわるのは大変。そういうときは、[Ctrl]を押しながらセルを複数選択して、1つのセルにデータを入力したら[Ctrl]+[Enter]を押す！　すると選択していた全部のセルに、そのデータが入力されるよ。

これが

こう！

リストからデータを入力

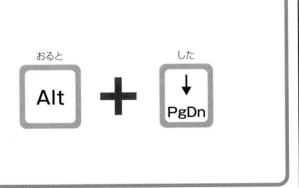

おると
Alt ＋ した **↓ PgDn**

取り引き先の会社名や製品名など、いくつかある選択肢のなかから同じデータを繰り返し入力することってわりと多いよね。そういうときは、[Alt]＋[↓]を押すと、同じ列に入力済みの値一覧がリスト表示される。そこから選ぶだけで、タイプしなくても入力できるってわけさ。楽ちん♪

こんな感じ！

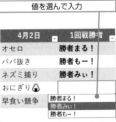

値を選んで入力

4月2日 ▼	1回戦勝者 ▼
オセロ	**勝者まる！**
ババ抜き	**勝者もー！**
ネズミ捕り	**勝者みぃ！**
おにぎり 🍙	
早食い競争	勝者まる！
	勝者みぃ！
	勝者もー！

同じ列にすでに入力された値を、ドロップダウンリストで表示。選ぶだけで入力できる。

フラッシュフィルを利用する

こんとろーる
Ctrl

＋

いー
E い

例えば、住所が入力されたセルから、県名だけ隣のセルに抜き出して、なんてときに使うんだ。ひとつかふたつお手本を入力してから、残りのセルを選んで Ctrl ＋ E を押すと、エクセルさんが規則を判断して自動入力してくれる。でもね……、あんまり賢くないみたい。ダメもとで試してみて。

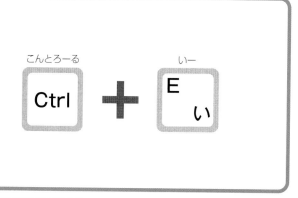

これが

レシピの材料	分量
小麦粉200g	200g
グラニュー糖100g	
バター60g	
卵黄3個分	
チョコチップ50g	

こう！

レシピの材料	分量
小麦粉200g	200g
グラニュー糖100g	100g
バター60g	60g
卵黄3個分	3個分
チョコチップ50g	50g

エクセルがルールを判別して自動入力。レシピから分量だけ別セルに書き出すのに見事成功！

日付、時刻を入力する

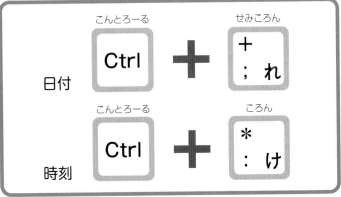

日付　Ctrl（こんとろーる）＋　；れ　＋（せみころん）

時刻　Ctrl（こんとろーる）＋　：け　＊（ころん）

作業を始める前やひと段落ついたときに、日時や時刻をさっとメモするのに便利なショートカット。Ctrl＋；を押すと日付が「西暦/月/日」の形式で、Ctrl＋：で時刻が「時:分」の形式で入力できるんだ。どちらも入力時の日付や時刻が記されるだけで、その後は更新されないよ。

こんな感じ！

現在の日付や時刻を入力

2020/5/13	8:34 まるがおせんべいをかじった
2020/5/14	12:15 もーが居留してるとき寝言を言っていた
2020/5/15	15:35 おやつおいしかった
2020/5/16	20:37 テレビで動物を見た
2020/5/20	16:39

記入時の日時や時刻を入力する。データは更新されないので、日誌メモ的な使い方に向く。

合計を計算する

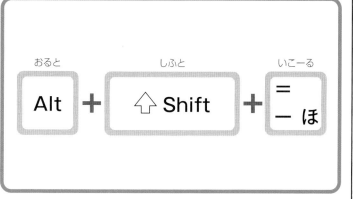

おると
Alt

＋

しふと
⇧ Shift

＋

いこーる
= ー ほ

ある列や行の合計を計算したいとき、どうしてる？　リボンの「数式」タブから「オートSUM」をクリックするのと同じことを、もっとすばやくできるのがこのショートカット。SUM関数を使って、自分で範囲を指定しなくても、Excelが計算に使う範囲を自動判別して合計してくれるんだにゃ。

これが

銀行名	残高
ほたて銀行	¥15,000
あしかバンク	¥25,000
ウミウシ信金	¥17,000

こう！

銀行名	残高
ほたて銀行	¥15,000
あしかバンク	¥25,000
ウミウシ信金	¥17,000
	¥57,000

セル内で改行する

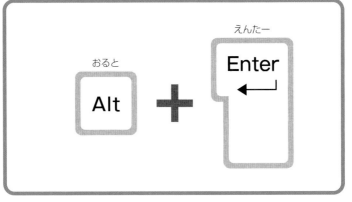

おると
Alt

＋

えんたー
Enter ←

セルのなかに長めのテキストを入力するときは、セルの書式設定の「配置」タブから「折り返し」をチェックしておくと、文がセルの端で折り返されて、複数行になり、読みやすくなるのは知ってる？ さらに、 セル内の任意の場所で改行したいときは、Alt＋Enterを入力すればOKさ。

これが

こう！

改行された！

右隣のセルに移動する

たぶ

Tab

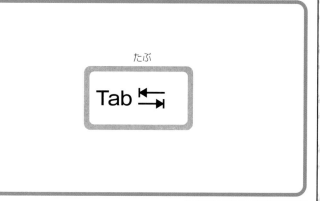

セルの移動は、超重要な基本ワザ！　気を引き締めて行くぞ！　セルにデータを入力後、Enterで下の行のセルに移動、Shift+Enterで、上のセルに移動だ。右への移動はTab、左への移動はShift+Tab。これでセルの4方向移動は自在だ。よーく頭に叩き込んでおけよー！

こんな感じ！

4方向に移動！

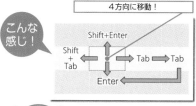

Tab→Tab→Tab…を繰り返してEnterを押すと、押し始めたセルの下の行のセルにジャンプ！

行や列の先頭、末尾のセルに移動

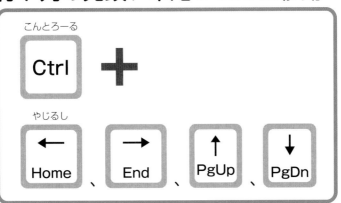

こんとろーる

Ctrl ＋

やじるし

| ← Home | 、 | → End | 、 | ↑ PgUp | 、 | ↓ PgDn |

矢印キーの←と→は左右の移動、↑と↓は上下の移動。それにCtrlを追加すると、ちまちました移動ではなく、大胆なジャンプに変化するぞぉ。例えばCtrl＋↓を1回押すと、同じ列内のデータの下端に、もう一度押すとテーブルの末尾に、さらに押すとシートの最下段に移動するんだぁ。

こんな感じ！

ジャンプで端まで移動！

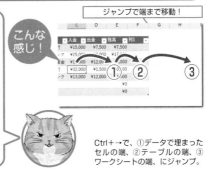

Ctrl＋→で、①データで埋まったセルの端、②テーブルの端、③ワークシートの端、にジャンプ。

072

テーブルのコーナーを順に移動

こんとろーる

Ctrl

＋

びりおど

>　。
.　る

※日本語入力時は使えない

テーブル内でこのキーを押すと、カーソルがテーブルの4つのコーナーを、左上→右上→右下→左下……と、時計回りにくるくる移動するにゃ。手間が省けるね。でも、表をテーブルに変換しないと機能しないんだ。テーブルに変換するショートカットは、Ctrl＋Tだよ。

こんな感じ！

コーナーに瞬間移動

テーブル内でCtrl+.を押すと、①左上、②右上、③右下、④左下、にジャンプ。

先頭のセルに移動する

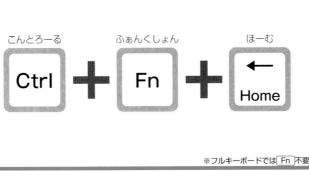

こんとろーる		ふぁんくしょん		ほーむ
Ctrl	+	**Fn**	+	**← Home**

※フルキーボードでは Fn 不要

カーソルがワークシートのどこにいても、このショートカットを押せばシートの先頭のセルに瞬間移動できるんだ。ものぐさなオレにぴったりの機能だねぇ〜。先頭のセルであるA1が非表示に設定されているときは、A1ではなく、表示されている先頭左隅のセルに移動するぞぉ。

こんな感じ！

先頭のセルにジャンプ！

ワークシートのどこにいても、このキーを押せばシートの先頭セルに瞬間移動できるぞ！

074

Cats talk

(左右反復横跳び)
ハッ！ ハッ！ ウッ！ ハッ！

オラオラオラァ！ 汗を流せ！
そうだ、飛べ！ もっと飛べ!!

ちょ、ちょっとちょっと！
虐待反対〜！ 何やってんの？

もーに相談したら、これで瞬間移動できるって。

**「Ctrl＋Fn＋Home」で先頭のセル
にジャンプかよ！**

....

最後のセルに移動する

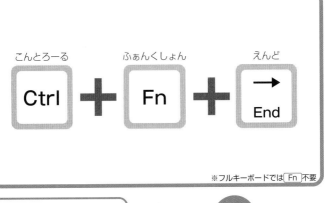

こんとろーる
Ctrl

＋

ふぁんくしょん
Fn

＋

えんど
→ **End**

※フルキーボードでは Fn 不要

さっきとは逆に末尾にジャンプだよ。Ctrl＋Fn＋Home とペアで覚えておくと、行ったり来たり簡単にできるんだ。

こんな感じ！

先頭、末尾、先頭、末尾って、ジャンプを繰り返されると、ウズウズして、画面に飛びかかりたくなるにゃー！

ジャンプダイアログを表示

こんとろーる
Ctrl ＋ **G**
き

じー

または

えふご
F5

特定の場所に移動するにはこれ。セル番号を入力して移動できる。さらに「セル選択...」ボタンを押すとオプションが選べ、空白セルを探してジャンプなんてこともできる。セルに名前を付ける（P.91）と、「移動先」欄から名前を選ぶだけで移動できるので便利だよ。

こんな感じ！

ジャンプ先を選ぼう

①にセル番号を入力してジャンプ。または、セルに名前を付けておく（P.91）と、②から名前を選んでジャンプできるよ！

行や列の先頭、末尾まで選択

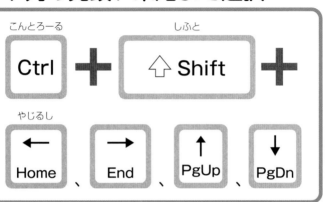

こんとろーる
Ctrl ＋ しふと **⇧ Shift** ＋

やじるし
← Home 、 **→** End 、 **↑** PgUp 、 **↓** PgDn

Ctrl＋←、→、↑、↓は、列や行の端まで移動するショートカット。それにShiftを追加すると、列や行の端まで選択する機能に変身！ 一度押すと、データが連続している端まで、もう一度押すとテーブルの端まで、さらに押すとシートの端まで、と段階的に選択範囲が広がるよ。

1度押す

	4月	5月	6月	7月	残高	列1
	¥15,000	¥7,500	¥15,000	¥7,500	¥45,000	
	¥25,000	¥8,000	¥25,000	¥8,000	¥66,000	
	¥17,000	¥12,000	¥17,000	¥12,000	¥58,000	
	¥32,000	¥1,500	¥32,000	¥1,500	¥67,000	
	¥13,000	¥12,000	¥13,000	¥12,000	¥50,000	

2度押す

6月	7月	残高	列1
¥15,000	¥7,500	¥45,000	
¥25,000	¥8,000	¥66,000	
¥17,000	¥12,000	¥58,000	
¥32,000	¥1,500	¥67,000	
¥13,000	¥12,000	¥50,000	

選択範囲を拡張する

えふはち

F8

※日本語入力時は使えない

選択したセルを中心に、隣り合ったセルを追加して、選択範囲を拡張できるよ。まずは F8 を押してから、←、→、↑、↓を押すか、拡張したい位置でクリックすればOK。選択が終わったら、F8 か Esc キーをもう一度押せば、通常モードに戻れるから忘れずににゃ！

こんな感じ！

	4月	5月	6月	7月	残高
	¥15,000	¥7,500	¥15,000	¥7,500	¥45,000
	¥25,000	¥8,000	¥25,000	¥8,000	¥66,000
	¥17,000	¥12,000	¥17,000	¥12,000	¥58,000
	¥32,000	¥1,500	¥32,000	¥1,500	¥67,000
	¥13,000	¥12,000	¥13,000	¥12,000	¥50,000
					¥0
					¥0

選択範囲を拡張

Shiftを押しながら矢印キー（またはクリック）でも同じように選択範囲を拡張できる。

079

非連続の範囲を選択

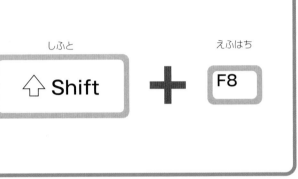

しふと
⌂ Shift

＋

えふはち
F8

表の1列目と3列目を使って グラフにしたい！ なんてと きに大活躍。通常は同時に選 択できない飛び地にあるセル を、クリックして選択範囲に 追加できるぞ。Ctrl＋クリッ クでも同じことができるけど、 Shift＋F8なら押しっぱなし にしなくてもOK。このモード をやめるにはEscだぁ。

飛び地のセルを追加

こんな感じ！

✓	fx	0月

	C	D	E	F
	4月 ▼	5月 ▼	6月 ▼	7月 ▼
行	¥15,000	¥7,500	¥15,000	¥7,500
ンク	¥25,000	¥8,000	¥25,000	¥8,000
金	¥17,000	¥12,000	¥17,000	¥12,000
行	¥32,000	¥1,500	¥32,000	¥1,500
ンク	¥13,000	¥12,000	¥13,000	¥12,000

Shift＋F8を押すと、連続してい ないセルをクリックして選択範囲 に追加できる。Escで終了。

最後のセルまで選択する

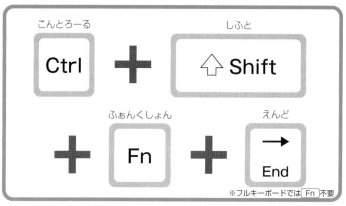

こんとろーる		しふと
Ctrl	+	⇧ Shift
ふぁんくしょん		えんど
+ Fn	+	→ End

※フルキーボードでは Fn 不要

カーソル位置から、データがある範囲の最後のセルまで選択する。逆に、最初のセルまで選択するのは、Ctrl + Shift + Fn + Home だ。この2つを組み合わせると、データを入力したセルだけ全選択できるんだな。そのあと Ctrl + T を押せば、あっという間にテーブルに変換できるぞ。

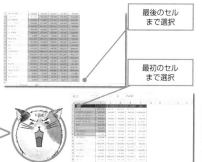

最後のセルまで選択

最初のセルまで選択

列全体（れつぜんたい）を選択（せんたく）する

こんとろーる

Ctrl

　＋　

すぺーす

行と列ってどっちがどっちだったか、すぐ忘れちゃうんだよな。『臨・兵・闘・者・皆・陣・列・前・行！』とか唱えちゃったりして。エクセルでは、縦が列、横が行か、ふむふむ……。で、このショートカットを押すと、カーソルのあるセルから、縦にばーっと自動選択されるのな。

これが

こう！

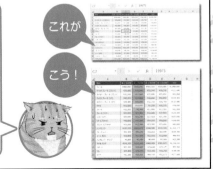

082

行全体を選択する

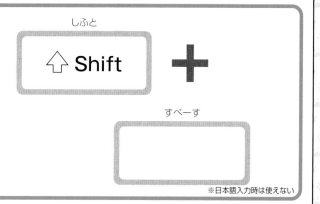

しふと
⬆ Shift　＋

すぺーす

※日本語入力時は使えない

ボクが紹介するのは、カーソルのある位置から、左右に範囲を拡張して、行全体を選択する機能だよ。テーブル内の場合は、シート全体ではなく、テーブルの行を選択するよ。そうそう、このショートカットは、日本語入力モードだと動作しないから、IMEを切り替えてから実行してね！

これが

こう！

外枠罫線を引く
（そとわくけいせん）を（ひ）く

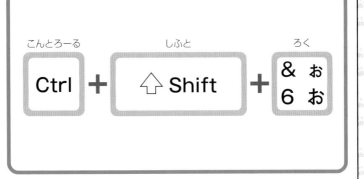

こんとろーる		しふと		ろく
Ctrl	+	⇧ Shift	+	& 6 お お

複数のセルを選択して、この
ショートカットを押すと、セ
ルの周囲をグルリと罫線で囲
むことができる。強調したい
場所に使うと目立つぞ。その
ままだと罫線は黒色だけど、
色を変えたいときは、セルを
選択して Ctrl + 1 (いち) で「セ
ルの書式設定」を開き、「罫線」
タブから変更するんだ。

これが

こう！

罫線を削除する
けいせん　　さくじょ

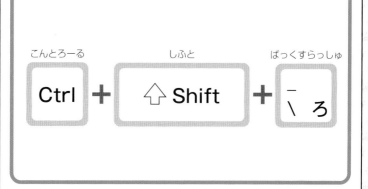

こんとろーる　　　　　しふと　　　　　ばっくすらっしゅ

Ctrl ＋ ⇧ Shift ＋ ＼ろ

罫線を引いてみたけど、やっぱり気に入らないって？　それなら、セルを選択して Ctrl ＋ Shift ＋ ＼ を押すと、罫線だけがきれいに消えるよ。罫線じゃなくてセルの塗りを消したいときは、セルの書式設定 (P.95) の「塗りつぶし」タブから「色なし」をクリックして「OK」ボタンさ。

セルを挿入する

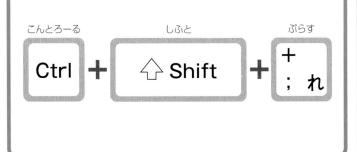

Ctrl	+	⇧ Shift	+	+ ；れ
こんとろーる		しふと		ぷらす

あっ、この項目、1マス飛ばして入力してた！ そんなときはこれ。「セルの挿入」ダイアログで「下方向にシフト」をチェックして実行すると、選択したセルの真上に新しいセルが挿入されて、既存のデータは下に移動するんだ。これでデータ入力がはかどるな、ボクって優秀〜♪

これが

こう！

下方向にシフト！

セルを削除する

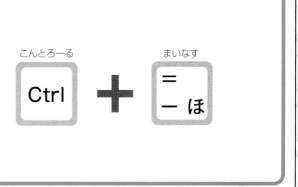

こんとろーる
Ctrl

まいなす
＝ ー ほ

おっ、この項目、ダブって入力してるセルがあるじゃねぇか。このショートカットで「上方向にシフト」を実行すれば、選択していたセルだけすっぽり消えて、そこより下にあった既存のセルが、上方向に移動してくるぞぉ。左に詰めたり、行や列全体を削除もできるんだぁ。

レシピの材料	分量
小麦粉200g	200g
グラニュー糖100g	100g
バター60g	60g
卵黄3個分	3個分
チョコチップ50g	3個分
	50g

これが

こう！

レシピの材料	分量
小麦粉200g	200g
グラニュー糖100g	100g
バター60g	60g
卵黄3個分	3個分
チョコチップ50g	50g

上方向にシフト！

行、列を非表示にする

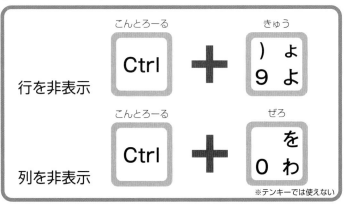

行を非表示
Ctrl こんとろーる ＋) 9 よ よ きゅう

列を非表示
Ctrl こんとろーる ＋ を 0 わ ぜろ

※テンキーでは使えない

表の一部分を隠せるショート
カット。Ctrl＋9で行を隠し、
同じ場所でCtrl＋Shift＋9を
押すと再表示だ。列の場合は
Ctrl＋0 (ゼロ) で隠す、Ctrl
＋Shift＋0で再表示だぞ。隠
したセルを全部再表示させる
には、Ctrl＋Aで全選択して
行番号か列番号上で右クリッ
ク、「再表示」を選べ！

こんな感じ！

隠れた場所は二重線

	C	G
	第1四半期	合計
	¥40,000	¥168,000
	¥155,040	¥651,168
	¥222,200	¥933,240
	¥29,400	¥123,480
	¥25,000	¥105,000
	¥20,000	¥84,000
	¥30,000	¥126,000

再表示は、隠れた部分を含む選択
をして行・列番号を右クリック→
「再表示」で解除だ。

Cats talk

見せたくないことってあるよね。

まぁ、すべて見せるのって恥ずかしいときあるよね。

体重とか、もしくは体重とか？……または体重？

どんだけ体重非表示にしたいんだよ、「Ctrl＋9（もしくは0）」かよ！

たとえが雑ぅ〜。

グループ化する、グループ解除

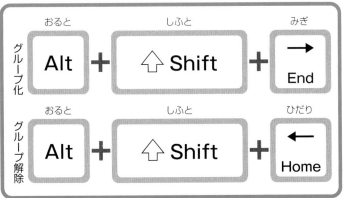

グループ化
おると **Alt** ＋ しふと **⇧ Shift** ＋ みぎ **→ End**

グループ解除
おると **Alt** ＋ しふと **⇧ Shift** ＋ ひだり **← Home**

選択した列や行を一時的に隠すのは手軽だけど、いつも同じ範囲を隠すなら、グループ化するともっと便利だぁ。グループ化すると、行・列番号エリアに小さなボタンが現れ、隠す/再表示をワンクリックで行えるぞ。グループが複数あるときは数字ボタンでまとめて操作できるんだぁ。

こんな感じ！

クリックでグループを隠す

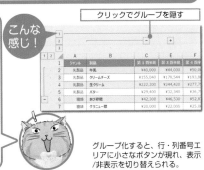

	ジャンル	製品	第 1 四半期	第 2 四半期	第 3 四半期
1					
2	乳製品	牛乳	¥40,000	¥44,000	¥50,0
3	乳製品	クリームチーズ	¥155,040	¥170,544	¥193,8
4	乳製品	生クリーム	¥222,200	¥244,420	¥277,7
5	乳製品	バター	¥29,400	¥32,340	¥36,7
6	糖類	きび砂糖	¥42,300	¥46,530	¥52,8
7	糖類	グラニュー糖	¥20,000	¥22,000	¥25.0

グループ化すると、行・列番号エリアに小さなボタンが現れ、表示/非表示を切り替えられる。

セルに名前を付ける

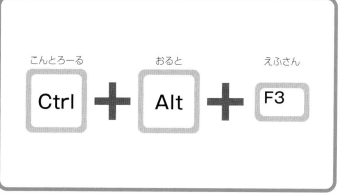

こんとろーる
Ctrl ＋ おると **Alt** ＋ えふさん **F3**

セルに名前を付けると、計算やグラフで参照する個所を、セル番号でなく名前で指定できて便利なんだ。セル範囲を選択してショートカットを押し、わかりやすい名前を付けよう。名前は、画面上部の数式バーの左にある「名前ボックス」にも表示される。ここに直接入力してもいいぞ。

こんな感じ！

名前を付ける！

指定範囲に名前を付けるだけでなく、よく使う定数に名前を付けて保存しておくと便利だよ。

複数セルの名前を自動で付ける

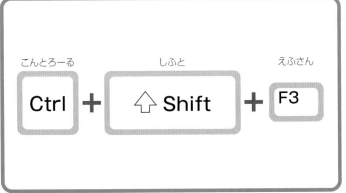

こんとろーる　　　　　　　しふと　　　　　　　えふさん

Ctrl + **⇧ Shift** + **F3**

項目名を含むセル範囲を指定して実行すると、セルの名前を自動で付けてくれる超便利機能だぁ。ショートカットを押すと、名前を含む場所を指定するダイアログが表示されるので、上端行、左端列などから当てはまるものを選ぼう。名前をタイプしなくてもいいから、ラクだぞぉ！

こんな感じ！

名前を含む場所を指定

名称	利率
ほたて銀行	0.25
あしかバンク	0.15
ウミウシ信金	0.03

選択範囲から名前...　？　×

以下に含まれる値から名前を作成:

☐ 上端行(T)
☑ 左端列(L)
☐ 最下行(B)
☐ 右端列(R)

OK　　キャンセル

選択した範囲のどこに名前があるかエクセルに教えてあげよう。まぁ、普通は上か左かなぁ。

セルの名前を貼り付ける

えふさん

F3

名前一覧から選ぶだけ！

さぁ、ここからがラクできるところにゃ！ セルに数式を入力するとき、参照するセルの範囲をマウスやセル番号で入力する代わりに、先に付けた名前(P.91,92)で指定できるんだ。しかも数式入力中に F3 を押せば、名前一覧リストが表示されるので、そこから選ぶだけでいいんだよ！

こんな感じ！

```
1      =G6*(1+ほたて銀行)^H6

名前の貼り付け                    ?  ×

名前の貼り付け(N)

あしかパンク
ウミウシ倉金
ほたて銀行
消費税率


              OK        キャンセル
```

数式を入力中にF3を押すと、名前一覧を表示。参照するセルを、名前で指定できる。

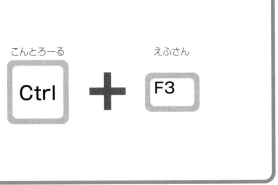

セルの名前を管理する

こんとろーる

Ctrl

えふさん

F3

「名前の管理」

こんな
感じ！

Ctrl + F3 を押すと、「名前の管理」ダイアログが表示される。ワークシートに含まれる名前を一覧したり、名前や範囲をあとから編集するのはここからさ。一番下の「参照範囲」欄に「=0.1」のように値を記入すると、定数として使えるよ。使わない名前の削除もここからさ。

範囲や値を入力

ワークシートに保存されたセルの名前や範囲を、ここでまとめて確認・編集できる。

094

セルの書式設定を表示する

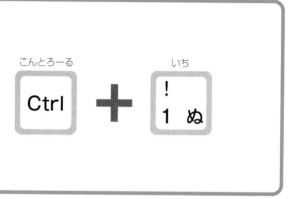

こんとろーる
Ctrl

＋

いち
!
1　ぬ

「セルの書式設定」ダイアログを表示する便利な機能。右詰め、中央揃えといった「文字の配置」や文字サイズ、罫線や塗りつぶしといった見た目の変更だけでなく、数値や通貨、日付など、分類に応じた表示形式までここから設定できる。とてもよく使う機能なので、覚えておこう。

こんな感じ！

ここで設定項目を切り替える

罫線に色を付けたり文字を縦書きにしたり、日付や時刻の表示形式もここから変更できる。

文字の取り消し線を引く

こんとろーる

Ctrl

＋

ご

% え
5 え

入力したデータを修正するとき、元の値を上書きせずに、取り消し線を引いて残しておきたいことがある。どこを直したか、あとからわかりやすいからね。取り消し線をすばやく引くには、Ctrl＋5だ。セル内の文字列を選んで実行すれば、一部分だけ取り消し線を引くこともできるんだ。

これが

B	C
買い物リスト	
品名	分量
レーズン	100g
ラム酒	50cc
バニラオイル	すこし
ピーカンナッツ	150g

こう！

B	
買い物リスト	
品名	分量
レーズン	100g
~~ラム酒~~	~~50cc~~
~~バニラオイル~~	~~すこし~~
ピーカンナッツ	~~150g~~

通貨の書式にする

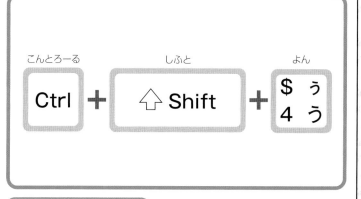

こんとろーる		しふと		よん
Ctrl	+	⇧ Shift	+	$ う 4 う

えーっと、このセルに入るのは支払い額だから、￥マークを付けてから数字を入力……っと。いちいちめんどくさいなぁ。

通貨を示す￥記号は、セルの書式で設定すれば、手入力する必要ないんだぜ！ Ctrl + Shift + 4でOKさ！

A	B	C	D	E
買い物リスト				
商品名		分量	値段	
レーズン		100g	250	
ラム酒		50cc	360	
バニラオイル		すこし	1000	
ピーカンナッツ		150g	1500	

数字の前に￥が付いた！

	分量	値段
	100g	￥250
	50cc	￥360
ル	すこし	￥1,000
ッツ	150g	￥1,500

実際に入力するのは数字だけ。￥以外の、$や€を付けたい場合は、Ctrl+1で書式設定。

パーセント（％）の書式にする

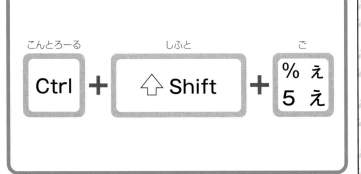

こんとろーる
Ctrl +

しふと
⇧ Shift +

ご
％ え
5 え

%記号をいちいち入力する手間は不要！ 例えば「0.33」と入力したセルを選択して Ctrl + Shift + 5 を押すと、「33%」と表示が変わるんだ。「99.99%」のように、小数点以下に表示する桁数を増減するには、リボンの「ホーム」タブにある ←0 .00 / .00 →0 ボタンをクリックしよう。

これが

もーの頭の中	
考えていること	割合
いたずら！	0.3
ごはん！	0.25
おひるね	0.25
虫取り	0.15
かくれんぼ	0.05

こう！

もーの頭の中	
考えていること	割合
いたずら！	30%
ごはん！	25%
おひるね	25%
虫取り	15%
かくれんぼ	5%

Cats talk

どうしたの落ち込んでるの？

たとえ方が雑だって、まるに言われちゃったから……

（天然発言だなぁ）あ、愛あるからこそだよ。

発言の何％が愛なの？
それって「Ctrl＋Shift＋5」
が愛なの？

焦って％表示のショートカットで言うんじゃ
ないよ！

桁区切り記号を付ける

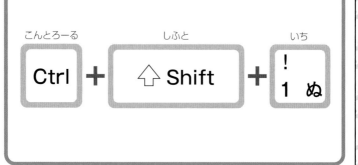

こんとろーる		しふと		いち
Ctrl	+	⇧ Shift	+	！ 1 ぬ

一、十、百、千——と……。
えっ、なにやってんだって？
オレ、こうやってイチから数えないと、大きい数字を読めないんだよ！ オレたち猫は、万や億なんて大金とは縁がないからなぁ……。そんなオレでも、数字を3桁ごとに区切る桁区切り記号を付ければ、ぱっとわかるぞ！

これが

4月	5月	6月
15000	7500	15000
25000	8000	25000
17000	12000	17000
32000	1500	32000
13000	12000	13000

こう！

4月	5月	6月
15,000	7,500	15,000
25,000	8,000	25,000
17,000	12,000	17,000
32,000	1,500	32,000
13,000	12,000	13,000

標準の書式に戻す

こんとろーる
Ctrl

しふと
⇧ Shift

きゃれっと
～ ^ へ

書式を設定しすぎてゴチャゴチャだ～！　そんなときは、セルを選択して Ctrl + Shift + ～ を押せば、標準書式に戻るよ。さらに背景色や罫線を一発で消すには、「ホーム」タブの「セルのスタイル」ボタンをクリックして「標準」を選ぶにゃ。メイクを落としたみたいに、サッパリするっしょ！

これが

¥50	10	¥500	11%
¥200	3	¥600	13%
¥300	3	¥900	20%
¥100	15	¥1,500	33%
¥100	10	¥1,000	22%
		¥4,500	100%

こう！

50	10	500	0.111111
200	3	600	0.133333
300	3	900	0.2
100	15	1500	0.333333
100	10	1000	0.222222
		4500	1

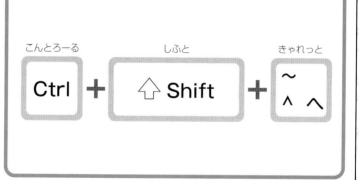

同じ操作を繰り返す

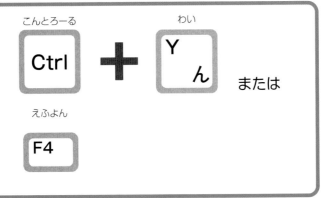

こんとろーる
Ctrl ＋ わい **Y ん** または

えふよん
F4

直前に行った操作を、別の場所で繰り返し実行できる便利な機能だよ。例えば、あるセルの背景を青くしたら、別のセルを選んで Ctrl + Y を押すと、同じように背景が青くなる。続けて別のセルを選べば、何度でも繰り返せる。Officeアプリ共通のショートカットなので、覚えておくとお得！

これが

品名	単価	個数	金額	割合
チョコ	¥50	10	¥500	
グミ	¥200	3	¥600	
ビスケット	¥300	3	¥900	
おにぎり	¥100	15	¥1,500	
卵焼き	¥100	10	¥1,000	
			¥4,500	

こう！

品名	単価	個数	金額	割合
チョコ	¥50	10	¥500	
グミ	¥200	3	¥600	
ビスケット	¥300	3	¥900	
おにぎり	¥100	15	¥1,500	
卵焼き	¥100	10	¥1,000	
			¥4,500	

セルの数式を一時的に表示する

こんとろーる　　　　　　　　しふと　　　　　　　　あっとまーく

Ctrl ＋ **⇧ Shift** ＋ **@**

シート全体の数式をまとめてチェックするのに便利な機能。これは数式の入ったセルの内容を、計算結果ではなく数式にチェンジする。リボンの「数式」タブの「関数」グループにある「表示」から「数式」を選択しても、同じ状態にできるよ。

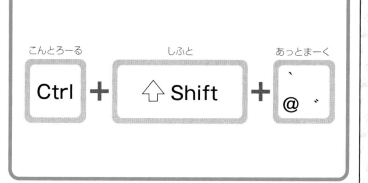

これが　　こう！

数式が表示された

103

表をテーブルに変換する

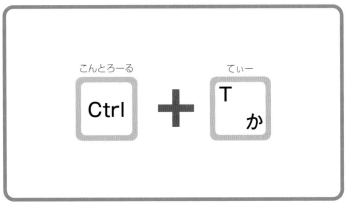

こんとろーる
Ctrl

+

てぃー
T
か

セル範囲を選択して Ctrl + T を押すと、テーブルに変換される。これは、エクセルに「この範囲がひとつの表だよ」と示しているんだ。テーブルに変換すると、データの並べ替えや集計が、シート全体でなく各テーブルで実行できる。シートに表が複数あるときは絶対使ったほうが便利。

こんな感じ！

これがテーブル

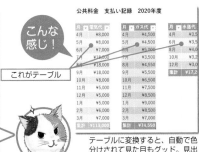

公共料金　支払い記録　2020年度

月	電気代	月	ガス代	月	水道代
4月	¥8,000	4月	¥4,500	4月	¥3,5
5月	¥8,000	5月	¥4,500	6月	¥3,5
6月	¥7,000	8月	¥5,000	8月	¥4,0
7月	¥18,000	7月	¥3,500	10月	¥3,0
8月	¥18,000	8月	¥4,550	12月	¥3,0
9月	¥18,000	9月	¥5,500	集計	¥17,2
10月	¥8,000	10月	¥6,500		
11月	¥5,000	11月	¥7,500		
12月	¥5,000	12月	¥8,500		
1月	¥5,000	1月	¥9,000		
2月	¥6,000	2月	¥8,500		
3月	¥7,000	3月	¥7,000		
集計	¥113,000	集計	¥74,550		

テーブルに変換すると、自動で色分けされて見た目もグッド。見出し行はフィルターボタンが付く。

フィルターを設定する

こんとろーる　　　　　しふと　　　　　える

$$\boxed{\text{Ctrl}} + \boxed{\text{⇧ Shift}} + \boxed{\text{L}_\text{り}}$$

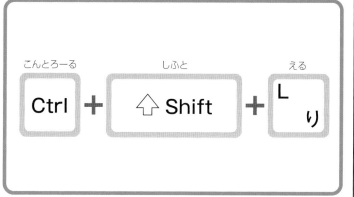

エクセルの「フィルター」を使うと、ボタンから選ぶだけで、見たい項目だけ抜き出したり、データを順番に並び替えられるよ。 セルの範囲を選んで Ctrl + Shift + L を押すと、一番上の行のセルに、▼ボタンが現れる。それを押すと、データの並べ替えや抽出ができるのさ。

こんな感じ！

フィルターボタン

データを読み順や日付順に並べ替えたり、特定の項目だけ抜き出すのに超便利！

グラフを作成する

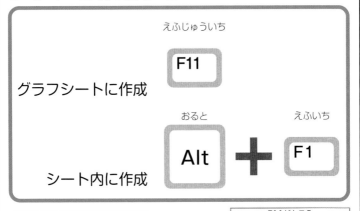

えふじゅういち

F11

グラフシートに作成

おると

Alt

えふいち

F1

シート内に作成

せっかくデータを入力したんだから、グラフ化しようぜ！グラフにしたい範囲を選択して、ショートカットをポチっ。新しいシートにグラフを描画するなら F11、同じシート内にグラフを配置するなら Alt + F1 だよ！ エクセルおまかせでも、結構かっこいいグラフが描けるんだぜ。

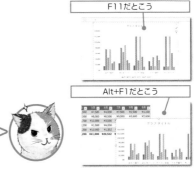

F11だとこう

Alt+F1だとこう

Cats talk

ってことは……
ここはグラフを作ったほうが見やすいかな。

え？　ちゃんとやってるの？

そりゃそうでしょ。
猫としてご主人と遊ぶ時間は至福だからね。

それで、今は何をしてるの？

「Alt＋F1」で選択したセルをグラフにしてるところだよ。

（手伝った方がいい気がしてきた……）

クイック分析を使う

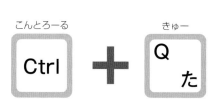

こんとろーる
Ctrl

＋

きゅー
Q
た

データ入力したらそれで終わり？ ノンノン、「クイック分析」を使ってデータから傾向と対策を読み取ってこそ、できる猫さ！ この機能を使うと、平均値や合計値を計算したり、データの増減をアイコンや色で見やすく示したり、初心者でもいろんな加工をカンタンにできるんだ。

こんな感じ！

クイック分析ボタン

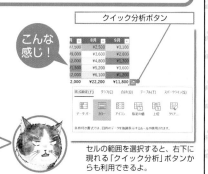

セルの範囲を選択すると、右下に現れる「クイック分析」ボタンからも利用できるよ。

シートを左右にスクロールする

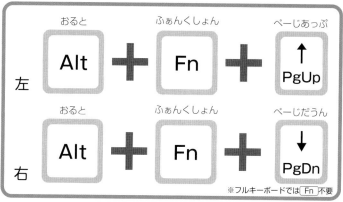

おると　Alt　＋　ふぁんくしょん　Fn　＋　ぺーじあっぷ　↑ PgUp

左

おると　Alt　＋　ふぁんくしょん　Fn　＋　ぺーじだうん　↓ PgDn

右

※フルキーボードでは Fn 不要

シートにたくさんデータを入力したら、一画面に収まらなくなってきた～！　マウスに手を伸ばさなくても表示個所を移動できるショートカットを教えちゃう。上下移動は Fn ＋ PgUp と Fn ＋ PgDn、左右移動はそれに Alt を追加だ。キーボードから操作できるので効率アップだよ！

こんな感じ！

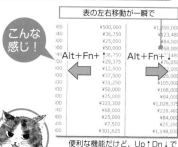

表の左右移動が一瞬で

便利な機能だけど、Up↑Dn↓で左右にスクロールって、「えっ、なんで？」って思うよね。

ワークシートを追加する

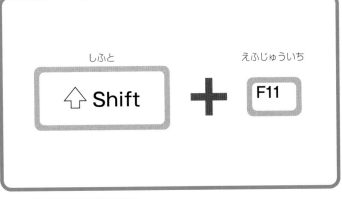

⇧ Shift ＋ F11

しふと　　　　　えふじゅういち

入力データが増えていっぱいなら、Shift＋F11で同じ書類にワークシートを追加するといいぞぉ。関連するデータは、同じ書類にまとまってるほうがなにかと便利さ。シート見出しをダブルクリックして名前を変えたり、シート見出しをドラッグしてシートの並び順も変えられるぞぉ。

これが

こう！

新しいシートが追加された

隣のシートに移動する

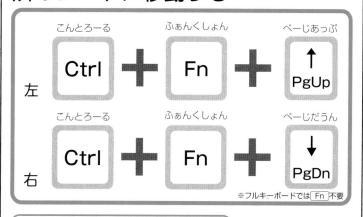

こんとろーる　　Ctrl ＋ ふぁんくしょん　Fn ＋ ぺーじあっぷ　↑ PgUp

左

こんとろーる　　Ctrl ＋ ふぁんくしょん　Fn ＋ ぺーじだうん　↓ PgDn

右

※フルキーボードでは Fn 不要

ワークシートを増やしたら、次はシート間の移動をどうするかだ。シート見出しをマウスでクリックして切り替えてもいいんだけど……、オレはなるべくラクしたい!!

ショートカットは一見複雑そうだけど、やってみるとカンタン。Ctrl と Fn を押さえたまま、PgUp と PgDn を交互に押せば、前後のシートをすばやく行ったり来たりできるんだ。

コメントを挿入する(そうにゅう)

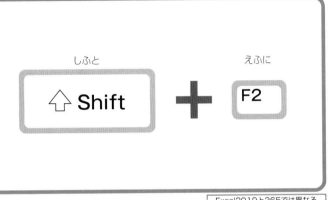

しふと
⇧ Shift

＋

えふに
F2

ちょっとした一言を添えてお
くと、データを見た時に気づ
くときがあるので便利な機能
なんだ。ショートカットも簡
単で Shift + F2 でOK。セル
にカーソルが重なったら表示
されるよ。「校閲」→「コメン
ト」→「すべてのコメントの表
示」でコメントが出っ放しにな
るよ。

こんな
感じ！

Excel2019と365では異なる

Excel 2019では「コメント」と
呼ばれた機能が、Office 365の
Excelでは「メモ」という呼び名に
変わった。Office 365の新しい
「コメント」は、Office 2019で
は表示できないので注意。

Cats talk

よし、じゃあ、僕も手伝ってみるかなぁ。

じゃあコメント書いてもらって良い？
「Shift＋F2」で挿入っと。

「グラフ化しておきました～」って感じで良いかにゃぁ～？

うん、それで良いよ……って、
全部猫語で書かれてるし……。

113

もー 　　　2歳

ボケ（たまにキツめの言葉）

次男的な自由に生きている感じ。

いたずらっ子でやんちゃな部分がある。

第六感で動いている部分もある。

ネズミや虫が苦手。

Word

フォントの設定を表示

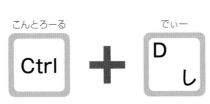

Ctrl + D

文書中の文字に関する設定を
まとめて確認＆変更するなら、
Ctrl＋Dで「フォント」ダイア
ログを開こう。文字のサイズ
や色、スタイルなどを変えら
れるよ。気に入った設定がで
きたら、「規定に設定」ボタン
をクリックすると、指定した
フォント設定が新規書類でも
使われるよ。

こんな
感じ！

「フォント」ダイアログ

「規定に設定」を押し
て「すべての文書」を
チェックすると、新規
書類にも適用される。

文字サイズを大きく、小さくする

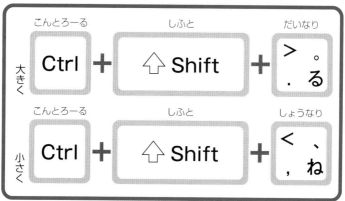

大きく

こんとろーる
Ctrl +
しふと
⬆ Shift +
だいなり
> 。
. る

小さく

こんとろーる
Ctrl +
しふと
⬆ Shift +
しょうなり
< 、
, ね

ちょっと文字が読みづらいから、サイズを変えてみようっててときはこれだー！ リボン上のボタンをちまちま押さなくても、ショートカットなら書類から目を離さずに操作できるから、最適な文字サイズがすぐわかるぞ。大きくするのは >、 小さくするのは < だ！ 間違えんなよー！

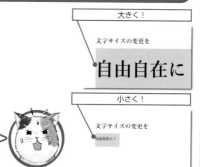

大きく！

文字サイズの変更を

自由自在に

小さく！

文字サイズの変更を

自由自在に！

太字に設定する

こんとろーる
Ctrl

+

びー
B
こ

書類の文字だって、痩せすぎて弱々しいよりは、オレのようにでっぷりしているほうが、ハッピーに見えるだろ？ 文中のここぞ！ ってところは、Ctrl+Bで太字にすると目立つぞぉー。ただし使いすぎると下品だから、ほどほどにな。太字を選んでCtrl+Bをもう一度押すと、元に戻るんだぁ。

これが
…持ちをよく考えて、やさし…
…、ぴーんと角が立つまで…

こう！
…持ちをよく考えて、…
…、**ぴーんと角が立つまで**…
…としておかないと、ちゃん…
…と計測してね。お菓子作り…

下線を引く

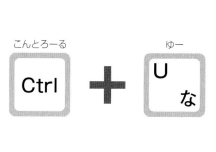

こんとろーる

Ctrl

+

ゆー

U
な

最近の本って、大事なポイントに最初からアンダーラインが印刷されてて、おせっかいだな、と思わない〜？
ボクは自分で好きなように線を引きたい派なんで、Ctrl＋Uが欠かせないにゃ。下線を取り消したいときは、線を引いた文を選択して同じショートカットを実行さ！

こんな感じ！

下線のいろいろ！

まるの冒

蒸｜　　　　　ちをよく考えて

卵白の泡立ては、ぴーんと角が

リボンの「ホーム」→「フォント」→「U」ボタン右の▼をクリックすると、線や色を変更できるよ。

119

段落を中央揃えにする

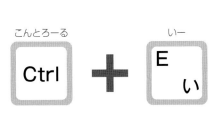

こんとろーる
Ctrl ＋ い **E**

段落内のテキストを、中央揃えにレイアウトする機能だ。パワーポイントでも同じショートカットが使えるぞ。段落の中央揃えは、ビジネス文書の本文には、めったに使われない書式だけど、書類の表紙やタイトル、図版のキャプションなどに使うと、本文との差が出て効果的だよ！

これが

みぃの秘密日記
見ちゃダメ！
絶対！
見たら許さん！

こう！

みぃの秘密日記
見ちゃダメ！
絶対！
見たら許さん！

段落を右揺えにする

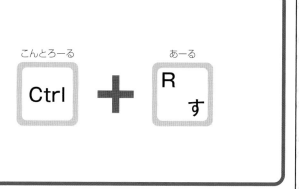

こんとろーる
Ctrl

＋

あーる
R す

段落内のテキストを、右端揺えでレイアウトするぞぉ。本文には普通使わないけど、目次の見出しを左揺え、ページ番号を右揺えってのはわりとよく見るな。あと、タイトルの下の作者名とか日付も右揺えが多いぞぉ。Rはrightの頭文字。英語までわかるなんて、オレってマーベラスぅ！

これが

今日はすばらしくいい天気。
こんな日はお弁当を持って外に出てみよう。
別に特別なものを用意しなくても、
新鮮な空気の中、
太陽を浴びて食べればもっとおいしい。
鮭や梅干し、いろんな具の入ったおにぎり、
温かいお茶の入ったポット。
それだけでとっても幸せ。

こう！

今日はすばらしくいい天気。
こんな日はお弁当を持って外に出てみよう。
別に特別なものを用意しなくても、
新鮮な空気の中、
太陽を浴びて食べればもっとおいしい。
鮭や梅干し、いろんな具の入ったおにぎり、
温かいお茶の入ったポット。
それだけでとっても幸せ。

121

段落を左揃えにする

こんとろーる

Ctrl

える

L
り

段落内のテキストを、左の端で揃えてレイアウトする機能だよ。両端揃えに比べると、文字と文字の間に見た目上の余白が配置されないから、編集者に好まれるんだ。この段落書式も一般的で、ビジネス文書にもよく使われるみたい。パワーポイントでも同じショートカットだよ！

左揃え

今日はすばらしくいい天気。こんな日はお弁当を持って外に出てみよう。別に特別なものを用意しなくても、新鮮な空気の中、太陽を浴びて食べればもっとおいしい。鮭や梅干し、いろんな具の入ったおにぎり、温かいお茶の入ったポット。それだけでとっても幸せ。

段落の右端をよーく見ると、両端揃えはぴったりそろっているけど、左揃えではでこぼこがある。

段落を両端揃えにする

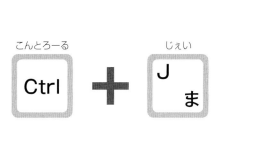

こんとろーる
Ctrl

＋

じぇい
J　ま

両端ぞろえ

> 今日はすばらしくいい天気。こんな日は、お弁当を持って外に出てみよう。別に特別なものを用意しなくても、新鮮な空気の中、太陽を浴びて食べればとってもおいしい。鮭や梅干し、いろんな具の入ったおにぎり、ちょっと気取ってサーモンとクリームチーズのサンドイッチ、金ゴマとショウガ入りのおいなりさん、あなたはなにが好き？

もっとも一般的な段落スタイルがこれ。文字間の空きスペースを調整して、行の両端がきっちり揃うようにレイアウトされる。全体の見た目がカッチリ整うので、ビジネス文書にもピッタリだ。段落の書式に迷ったら、これか左揃えのどちらかにしておけば間違いないよ。

こんな感じ！

段落書式の「両端揃え」は、一般的な文書全般に使われる。迷ったらこれにすればOKよ。

行間を広げて読みやすくする

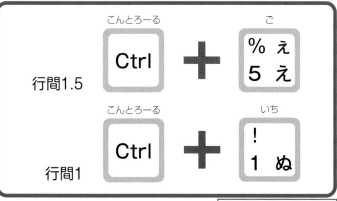

行間1.5

こんとろーる
Ctrl ＋ ％ ご え
5 え

行間1

こんとろーる
Ctrl ＋ ！ いち
1 ぬ

いっくら力作の文章だって、読んでもらえなかったら台無しじゃん！　行間にはこだわってほしいな！　行間がギッチギチだと、それだけでスルーされちゃうよ？　とはいえ、広げすぎると「これはポエム？」って感じでスカスカして間抜けなんで、ボクのオススメは行間1.5！

行間1.5

もの人ったおにぎり、ちょっと気取ってサーとショウガ入りのおいなりさんなどなど。

し、こんな日は、お弁当を持って外に出てみ

空気の中、太陽を浴びて食べればとっても

行間1

もの人ったおにぎり、ちょっと気取ってサーとショウガ入りのおいなりさんなどなど。も

し、こんな日は、お弁当を持って外に出てみ

空気の中、太陽を浴びて食べればとっても

ぎり、ちょっと気取ってサーモンとクリー

のおいなりさんなどなど。あなたはなにが

124

左インデントを設定する

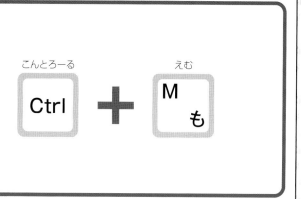

```
こんとろーる
Ctrl
```

```
えむ
M
も
```

インデントは、左右の空白のことで、字下げともいう。用紙の
印刷可能範囲から、どれだけ内側に文を配置するかを決めるん
だ。左インデントは左側の空白だ。文中にカーソルを置いて
Ctrl＋Mを押すと、その段落の左側の空白が広がるよ。

こんな感じ！

リボンの「表示」タブから
「表示」をクリックし、「ルー
ラー」をチェック。

125

ぶら下げインデントを設定する

こんとろーる
Ctrl

＋

てぃー
T
か

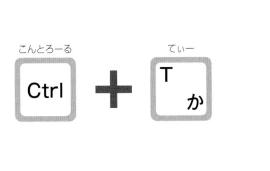

「ぶら下げインデント」というのは、段落の1行目の位置はいじらずに、2行目以降の左端の余白を調整する機能だよ。Ctrl＋Tを押すと、段落の2行目以降の左余白が広がり、Ctrl＋Shift＋Tを押すと狭まるんだ。段落の1行目を、ほかより目立たせたいときに使うといいよ。

これが

こう！

インデントを解除する

こんとろーる
Ctrl

+

きゅー
Q
た

インデントをまとめて解除して、普通のレイアウトに戻したいときは、解除したい段落にカーソルを置いて、[Ctrl]+[Q]だ。これで、左右インデントもぶら下がりインデントも、すべて解除される。文章全体のインデントを消すには、[Ctrl]+[A]で全選択してから[Ctrl]+[Q]を押せばOKさ。

これが

こう！

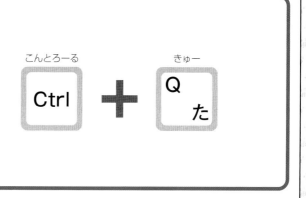

127

文字や段落から書式をコピーする

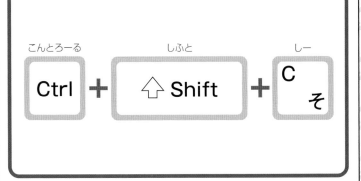

こんとろーる
Ctrl

しふと
⇧ Shift

しー
C
そ

選択した範囲のテキストをコ
ピーするふつうのコピー（Ctrl
+C）とは異なり、選択した範
囲の書式の設定だけコピーす
る機能がこれ。選択範囲に複
数の書式が含まれる場合は、
先頭の1文字の書式をコピー
するよ。コピーした書式を貼
り付けるには、次のページの
ショートカットを使うんだ。

こんな
感じ！

書式だけコピー

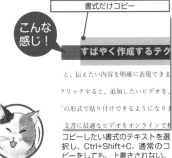

すばやく作成するテク

と、伝えたい内容を明確に表現できま

クリックすると、追加したいビデオを、

'の形式で貼り付けできるようになりま

文書に最適なビデオをオンラインで

コピーしたい書式のテキストを選
択し、Ctrl+Shift+C。通常のコ
ピーをしても、上書きされない。

コピーした書式を貼り付ける

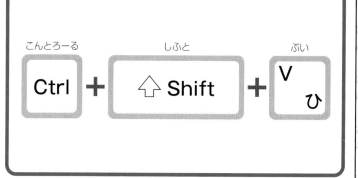

こんとろーる		しふと		ぶい
Ctrl	+	⬆ Shift	+	V ひ

同じ書式を別の場所で使いたいときに活躍！ まずは書式をコピーしたいテキストを選択して Ctrl + Shift + C を押し（P.128）、そのあと貼り付けたいところに移動して、このショートカットを実行。コピーした書式は、再度書式をコピーするまで、アプリを終了するまで何度でも使えるよ。

これが イメージを正確に伝える工夫

Word に用意されているヘッダー、フッタ
ス デザインを組み合わせると、プロのよ

こう! **イメージを正確に伝える工夫**

るヘッダー、フッター、表紙、テキスト

わせると、プロのようなできばえの文書

一致する表紙、ヘッダー、サイドバーを

リックしてから、それぞれのギャラリー

改ページを挿入する

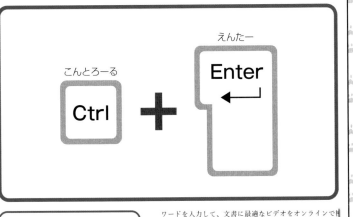

こんとろーる
Ctrl + えんたー Enter

文章を途中で区切って、新しい段落を次のページから始めたいってときは、Enterを連打するのは×。Ctrl + Enter で改ページを挿入したほうがスマートだぞ！ 改行記号や改ページ記号が見えないときは編集記号の表示がオフになってる可能性があるから、オンにしてね！

ワードを入力して、文書に最適なビデオをオンラインで
ともできます。

これはダメ（改行を連打）

ワードを入力して、文書に最適な
ともできます。

改ページ

これがスマート！（改ページ）

Cats talk

ここでページを終わらせる場合って、
どうしたらいいんだ？

お！　資料作り？
改ページの設定？
それは「Ctrl＋Enter」
で一発だよ。

なるほど！
え〜っと「第1章：オレらが旅に出る理由」終わり……と。

私小説!?
ご主人の仕事じゃないじゃん！

日付、時刻を入力する
ひづけ　　じこく　　にゅうりょく

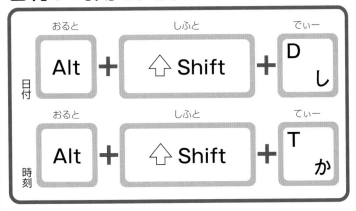

	おると	しふと	でぃー
日付	Alt	+ ⇧ Shift	+ D し

	おると	しふと	てぃー
時刻	Alt	+ ⇧ Shift	+ T か

このショートカットを押すだけで、日時や時刻が自動で入力されるんだぁ。これって、日誌とか報告書とか書くときに、すごい便利だね。

2020/05/10　中華まんと杏仁豆腐、2020/05/11　刺身の舟盛り、2020/05/12　馬刺と豆大福……ってグルメ日記じゃねーか！

まるのぐるめ日記 🍗
2020/05/10　午前 10 時 14 分　中華まんと杏仁豆腐
2020/05/11　午後 2 時 22 分　刺身の舟盛り
2020/05/12　午後 2 時 23 分　馬刺しと豆大福

区切り線をすばやく引く

		えんたー
実線	---と入力して	**Enter** ←
点線	***と入力して	

※日本語入力時は使えない

区切り線や点線を入れたいとき、魔法のように使えるワザだよ！　線を引きたい場所に「---」と、マイナス3つ入力して Enter を押してみて！ほーら、書類を横切るラインが引かれた！　「***（アスタリスク3つ）＋ Enter 」で点線が、「===（イコール3つ）＋ Enter 」で二重線が引けるよ！

こんな感じ！

いろんなラインが引けるよ

--- （マイナス3つ＝実線）

*** （アスタリスク3つ＝点線）

=== （イコール3つ＝二重線）

（シャープ3つ＝三重線）

文字入力の手軽さで、きれいに線が引ける。日本語入力はオフにして試してね！

133

著作権記号を入力する

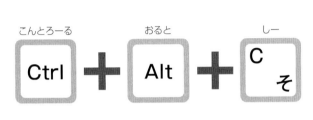

こんとろーる
Ctrl
+
おると
Alt
+
しー
C そ

よーしよーし、オレの小説もずいぶん書き上がったぞぉ──！ 印税がバンバン入ったら、なに喰おうかなぁー。見たことないけど、パンダって響きがうまそうだな……ふふふ。

とりあえず著作権表記はしといたほうがいいんじゃね？ショートカットは Ctrl + Alt + C だ。(c)と入力しても、オートコレクト機能で自動で©に変換されるけどな！

その他の記号　®（登録商標）Ctrl+Alt+R ／ ™（トレードマーク）Ctrl+Alt+T

Cats talk

なになに、まるの私小説だって？ ボクは出るの？

出るよぉ！ **生意気な後輩**って感じで。

え〜、なにそれ〜。まっ、いいけど(笑)

ちゃんと**著作権記号**入れないとね！
みぃ、どう入れるの？

「Ctrl＋Alt＋C」だけど…って、遊んでちゃダメじゃん！
早くしないとご主人が起きてきちゃうよ！

蛍光（けいこう）ペンでマークする

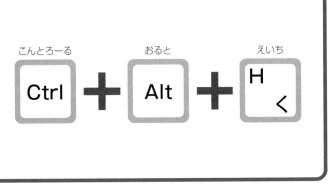

こんとろーる
Ctrl ＋ おると **Alt** ＋ えいち **H** く

文中の重要ポイントを目立たせたいなら、Ctrl＋Alt＋H を押すと蛍光ペンでマークできるよ！　消すときは、蛍光ペンのショートカットを押して、マークの上をなぞるんだ。リボンの「ホーム」タブの「フォント」グループにある蛍光ペンボタンの v を押すと、ラインの色を全15色から選べるよ！

こんな感じ！

ラインの色を選べるよ

遠足の持ち物リスト
● おべんとう
● すいとう
● おやつ（500円まで）
● 帽子
● ハンカチ
● ちりがみ

天気が悪い場合は中止します。
までに連絡します。

ご招待

蛍光ペン使用中は、カーソルがサインペンのような絵に変化。テキスト上をなぞってマークできる。

段落を前後に入れ替える

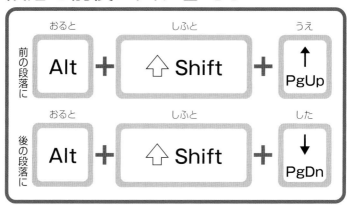

前の段落に

おると **Alt** ＋ しふと **⇧ Shift** ＋ うえ **↑ PgUp**

後の段落に

おると **Alt** ＋ しふと **⇧ Shift** ＋ した **↓ PgDn**

うーん、うーん。いまオレの書きかけの小説を推敲中なんだが……どうも構成がわかりにくいような。そうだ、前後の段落を入れ替えてみるか！そういうときは、このショートカットを使うと、ワンアクションで前後の段落をぱっと入れ替えられるんだ。これははかどるぜぇ。

こんな感じ！

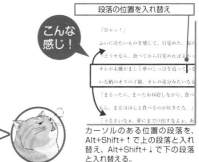

段落の位置を入れ替え

カーソルのある位置の段落を、Alt+Shift+↑で上の段落と入れ替え、Alt+Shift+↓で下の段落と入れ替える。

表示倍率を拡大／縮小する

こんとろーる

Ctrl ＋ マウスホイール

書類中の文字や図が、小さくて見にくいなぁーってとき、Ctrl を押しながら、マウスホイールをスクロールすると、書類の表示倍率をすばやく変えられるよ。ズームアウトすれば、書類全体のレイアウトの確認にも便利。エクセルやパワーポイントでも同じようにできるよ。

拡大！

ふわふわのマシュマロに、とろりとしたクリー
湯気の立つ七面鳥の丸焼きにかぶりつこ
「ひゃっ！」

縮小！

表現を推敲する

えふなな

F7

ビジネス文書なら、誤字や脱字がないか、提出前に文章チェックしておいたほうがいいぞぉ。やり方はカンタンで、F7 を押すだけ。言語によってはスペルミスも見つけ出してくれるぞぉ。これに頼りすぎるのは良くないけど、やらないよりはマシだぁ〜。

表現チェック！

新鮮な空気の中、太陽を浴びて食べ
たおにぎり、ちょっと気取ってサーモ
入りのおいなりさんなどと、あな
すくんだい？

うちに住む、黒いラブラドールレトく

表現の推敲
(P23)表現(人)
「お〜い、どこいくんだい？」

修正候補の一覧
〈とばた表現(人)〉の

スペルミスも発見！

修正候補の一覧
like
similar, approximatel...

ilk
type, like, kind

lick
defeat, beat, conquer...

y lik this, let's go out with our lun

us if you eat it in the fresh air in

is ingredients, salmon and crea

139

箇条書きに設定する

こんとろーる
Ctrl

＋

しふと
⇧ Shift

＋

える
L り

持ち物リストを作るよ。「持ち物は、●おべんとう、●水筒、●おやつは500円まで……」、●を付けるの、めんどくさーい！

そんなときは、箇条書きを使えば、行頭に記号を自動入力できるぞぉ。手を抜けるところは、抜いていこうぜ。

行の頭に印が付いた！

遠足の持ち物リスト
- おべんとう
- すいとう
- おやつ（500円まで）
- 帽子
- ハンカチ
- ちりかみ

箇条書きの記号の変更は、リボンの「ホーム」→「段落」→ ☰・ボタンのvをクリックしてできるよ。

Cats talk

好きなもの、
肉
肉
野菜
肉
野菜
って見づらくない?

そうなんだよね。もう少し整理して見やすくできない?

箇条書きにしたいのを選択して「Ctrl+Shift+L」で見やすくなるよ。

なるほど、**「●」が付いて見やすい!**

(興味持ってくれてるのは良いけど、そろそろご主人様の作業に戻らないと……。)

箇条書き書式を解除する

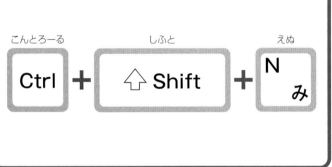

こんとろーる
Ctrl + しふと **⇧ Shift** + えぬ **N** み

箇条書きは便利なんだけど、そのあとに続く文章が、ぜーんぶ箇条書きになっちゃう！ どーしたら普通の書式に戻れるのさ!? そういうときは、これ。すでに箇条書きになってしまった段落も、選択してこのショートカットを押せば、普通の書式にカンタンに戻れせるんだ。

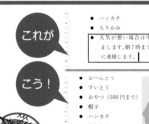

これが

こう！

翻訳する

おると
Alt ＋ しふと **⇧ Shift** ＋ えふなな **F7**

まるの書いてる小説の続き、どーなったか見せてー。これって外国語？　すっげー！　まるって、英語もできるのー!?

日本語の文書が……

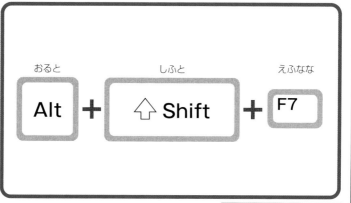

ふっふっふ、実はこれ、ワードで自動翻訳したんだぁ。タイ語でも中国語でもどんとこいさ！これで世界進出だぁ！

Maru no Advent

アラビア語に！

英語に！

行の先頭、末尾に移動する

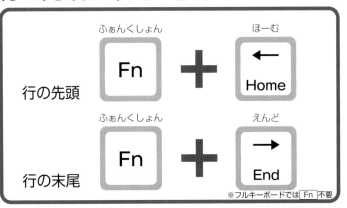

ふぁんくしょん

Fn ＋ ほーむ **← Home** 行の先頭

ふぁんくしょん

Fn ＋ えんど **→ End** 行の末尾

※フルキーボードでは **Fn** 不要

今いる行の先頭（左端）に
カーソルを移動するには **Fn**
+ **Home**、末尾（右端）に移動
するには **Fn** + **End** だよ。さ
らにこのショートカットに
Shift キーを追加すると、「行
の先頭まで選択」と「行の末尾
まで選択」に機能が変化するん
だ。小ワザだけど、猫の手も
借りたいときにどうぞ！

行の端にジャンプ！

カーソルのある行の、
先頭（左端）または末
尾（右端）に、カーソ
ルが移動するよ。

こんな
感じ！

前後の段落に移動する

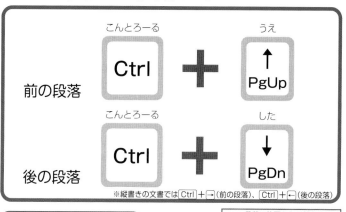

	こんとろーる		うえ
前の段落	**Ctrl**	**＋**	**↑** PgUp
後の段落	**Ctrl**	**＋**	**↓** PgDn

※縦書きの文書では Ctrl ＋→（前の段落）、Ctrl ＋←（後の段落）

今いる位置から、前または後ろの段落にカーソルがジャンプするショートカット。繰り返し押すと、ポンポンと段落を移動できるんだぁ。 このショートカットも、Shift を追加すると、「段落の先頭まで選択」と、「段落の末尾まで選択」に機能が変化するぞぉ（P.151）。

こんな感じ！

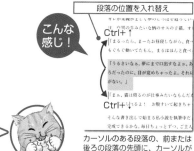

段落の位置を入れ替え

Ctrl＋↑

Ctrl＋↓

カーソルのある段落の、前または後ろの段落の先頭に、カーソルが移動するよ。

145

文書の先頭、末尾に移動する

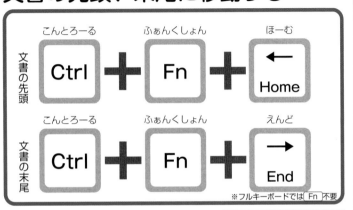

こんとろーる　ふぁんくしょん　ほーむ

文書の先頭　**Ctrl** ＋ **Fn** ＋ **← Home**

こんとろーる　ふぁんくしょん　えんど

文書の末尾　**Ctrl** ＋ **Fn** ＋ **→ End**

※フルキーボードでは **Fn** 不要

このショートカットを使うと、文中のどこにいても、文書の先頭、または末尾に一瞬でジャンプできるのさ。さらにこのショートカットに **Shift** を追加すると、「文書の先頭まで選択」と、「文書の末尾まで選択」に機能が変化するんだ（P.152）。選択は **Shift** 追加！覚えた？

Ctrl+Fn+Homeで先頭に

まるの大冒険

マシュマロに、とろりとしたクリーム。主日ケーキ。湯気の立つ七面鳥の丸焼き

Ctrl+Fn+Endで末尾に

ね。」
執筆中だよ！ いったいいつになったら完成
あとにパソコンを使わせてもらっているよ。
うわけにもいかないしな。

Cats talk

これって**瞬間移動**できるやつ？

好きだねぇ、その言葉。でもまぁそうだよ。「Ctrl＋Fn＋Home」で先頭に瞬間移動。

マウスをカリカリスクロールするのって面倒だもんね。

へぇ、ちゃんと覚えようとしてるんだぁ。

まぁね……。
（P.141見てると、もーがちゃんとやろうとしてるし。）

| **Word** | 移動をすばやく！ |

特定のページに移動する

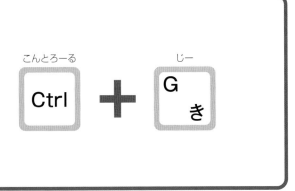

こんとろーる
Ctrl

＋

じー
G
き

移動先を指定

特定の場所にジャンプしたいときに使う機能だ。移動先には、ページ、セクション、行、見出し、コメント——など、さまざまな項目を選べるよ。移動先に数字を入れる代わりに、＋（プラス）を入力すると次の位置へ、-（マイナス）を入力すると前の位置にジャンプするんだ。

こんな感じ！

①から移動先を選び、②に番号または＋か-（マイナス）を入力して③をクリックすると移動できる。

148

前回最後に変更した場所に移動

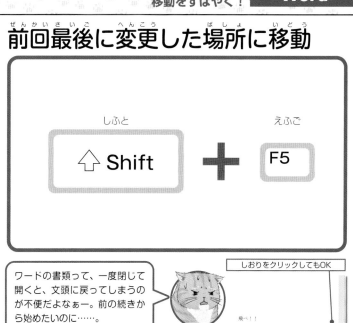

しふと
⇧ Shift

＋

えふご
F5

ワードの書類って、一度閉じて開くと、文頭に戻ってしまうのが不便だよなぁー。前の続きから始めたいのに……。

えっ、知らないの？　文書を開いた直後に、Shift + F5 を押せば、前回最後に変更した場所に移動できるんだぜ！

しおりをクリックしてもOK

飛べ！！
ゥ？

右スクロールバーのしおりをクリックしてもOK。ほかの作業をすると、しおりは消えてしまう。

文書の変更した場所を順に移動

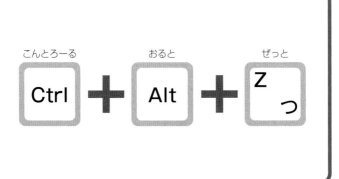

こんとろーる
Ctrl ＋ おると
Alt ＋ ぜっと
Z
っ

ワードで作成した書類の作業した場所を、順にジャンプする便利な機能。これを押すと、変更した場所にカーソルが移動する。最大４ヵ所までさかのぼってジャンプできるんだ。４番目まで行ったら、１番目の変更箇所に戻るよ。変更した内容を見比べたりするのに便利だよ。

こんな
感じ！

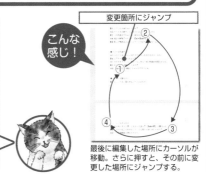

変更箇所にジャンプ

最後に編集した場所にカーソルが移動。さらに押すと、その前に変更した場所にジャンプする。

段落（だんらく）の先頭（せんとう）、末尾（まつび）まで選択（せんたく）

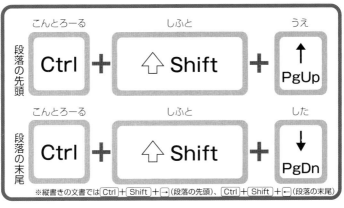

	こんとろーる	しふと	うえ
段落の先頭	**Ctrl**	**⇧ Shift**	**↑ PgUp**

	こんとろーる	しふと	した
段落の末尾	**Ctrl**	**⇧ Shift**	**↓ PgDn**

※縦書きの文書では Ctrl + Shift + → （段落の先頭）、Ctrl + Shift + ← （段落の末尾）

今いる段落の先頭、または末尾まで文字を選択するよ。何度も押すと、選択範囲が段階的に広がっていくんだ。あとね、ひと段落の文字をいっぺんに選択したいときは、「秘技トリプルクリック～！」って叫びながら、段落内のどこでもいいから、マウスの左ボタンを3回連打でもOK！

これが

こう！

文書の先頭、末尾まで選択

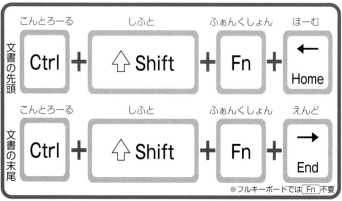

	こんとろーる		しふと		ふぁんくしょん		ほーむ
文書の先頭	Ctrl	+	⇧ Shift	+	Fn	+	← Home

	こんとろーる		しふと		ふぁんくしょん		えんど
文書の末尾	Ctrl	+	⇧ Shift	+	Fn	+	→ End

※フルキーボードでは Fn 不要

文書の先頭、末尾に移動する
ショートカットに、Shift を
追加すると、選択機能に変化
するよ。カーソルのある位置
から前半部分をごっそりコ
ピーしてほかの文書に貼り付
けたい、なんてときに便利に
使えるよ。前半の選択は Ctrl
+ Shift + Fn + Home 、後半
は最後のキーが End ！

> カーソルのある位置から

> 末尾まで選択された

選択範囲を拡張する

えふはち

F8

選択範囲を拡張するには、Shift を押しながらクリック。でも、Shift を押し続けるのが面倒なオレは、F8 を一度押す！　するとカーソルのあった位置から次にクリックしたところまで選択範囲が広がるんだ。なるべく手抜きしたいオレにピッタリ。このモードをやめるには Esc だぞぉ。

これが

こう！

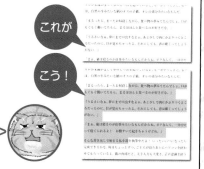

153

レイアウトを切り替える

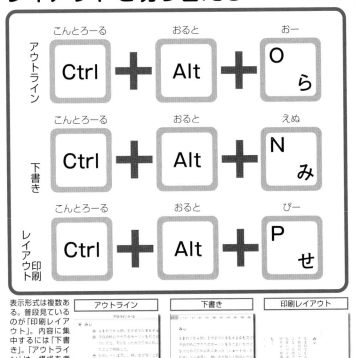

アウトライン	こんとろーる Ctrl	＋	おると Alt	＋	おー O ら
下書き	こんとろーる Ctrl	＋	おると Alt	＋	えぬ N み
印刷レイアウト	こんとろーる Ctrl	＋	おると Alt	＋	ぴー P せ

表示形式は複数ある。普段見ているのが「印刷レイアウト」。内容に集中するには「下書き」。「アウトライン」は、構成を考えるときに便利。

アウトライン　下書き　印刷レイアウト

文書ウィンドウを分割する

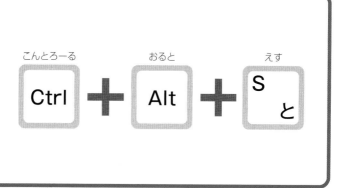

こんとろーる Ctrl ＋ おると Alt ＋ えす S と

このショートカットは書類が上下半分に分割表示され、個別にスクロール可能になって同じ書類の別の場所を見ながら文章が書けるよ。登場人物紹介ページを見ながら、本文を執筆するなんて使い方ができるんだ。分割を解除するには、このショートカットをもう一度押せばいいのさ。

こんな感じ！

ひとつの書類を2面表示

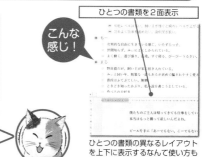

ひとつの書類の異なるレイアウトを上下に表示するなんて使い方もできるんだ。

文書内の文字数や行数を表示する

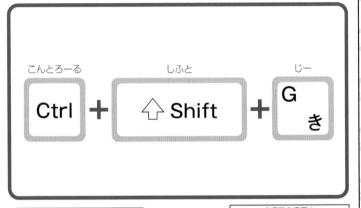

こんとろーる		しふと		じー
Ctrl	+	**⇧ Shift**	+	**G** き

小説を書くってーのは、なかなか根気がいるもんだなぁ。けっこう時間をかけたけど、いったいどれくらい進んだんだろ？　そういうとき、「文字カウント」機能で、進行状況を確かめると、「おっ、オレもなかなかがんばってるじゃん！」ってまた続ける気になるってもんよ。

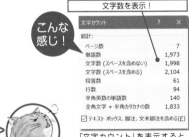

こんな感じ！

文字数を表示！

文字カウント	? ×
統計:	
ページ数	7
単語数	1,973
文字数 (スペースを含めない)	1,998
文字数 (スペースを含める)	2,104
段落数	61
行数	94
半角英数の単語数	140
全角文字 + 半角カタカナの数	1,833
☑ テキスト ボックス、脚注、文末脚注を含める(E)	

「文字カウント」を表示すると、書類中のページ数や段落数、行数、文字数などを確認できる。

Cats talk

私小説はさておき、練習のつもりで良いからご主人の仕事を手伝おうよ。

え〜、まだもうちょっと書きたい気分なんだけど〜。物足りない感じが……。

**もうじゅうぶんだってば！
ほら、「Ctrl＋Shift＋G」で
文字数わかるよ！ ね！**

なるほどなるほど！
これは投稿に便利だね。

（しめしめ、好きなことからでも覚えてくれたらラッキー）

まる　　　　4歳

天然ボケ

丸い尻尾は子猫の時に損傷。

基本的に野良生活だが居ついている。

食べることが好き。

「なるほど」が口癖。※理解はしてない。できるようになってるわけではない。なんかわかった感じ。学ぶ意欲はある。

私小説を書こうとしているらしい。※印税生活をしたいという野望。

PowerPoint

新しいスライドを追加する

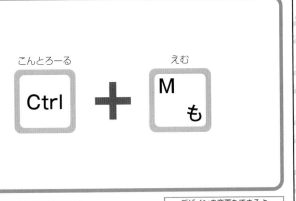

こんとろーる
Ctrl

えむ
M も

デザインの変更もできるよ

こんな感じ！

「あぁ、ここに説明をもっといっぱい入れたかったぁ!!!」ってとき、あるよね？ そんなあなたに朗報。パワーポイントで作成したファイルに、新規スライドを追加する方法を教えるよ！ 追加したスライドは、他のスライドと色やデザインが統一されるから、手間が省けるんだ。

タブの「デザイン」→「バリエーション」→右クリック「選択したスライドに適用」でOK。

スライドやオブジェクトを複製

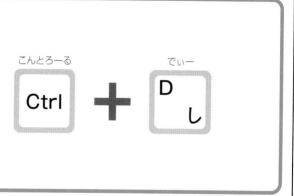

こんとろーる

Ctrl ＋ でぃー **D** し

同じオブジェクトをいくつも配置するときに使うと、超ラク。複製したオブジェクトの位置を調整後、続けて複製すると、同じ間隔でコピーしたオブジェクトが並ぶんだぁ！スライドを複製したいときは、スライドのサムネイルを選択しなくても、Ctrl + Shift + D 1発でOKだよぉ。

こんな感じ！

同じ図形を並べるのに便利！

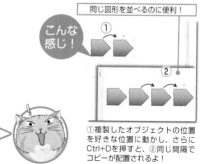

①複製したオブジェクトの位置を好きな位置に動かし、さらにCtrl+Dを押すと、②同じ間隔でコピーが配置されるよ！

アウトライン表示に切り替える

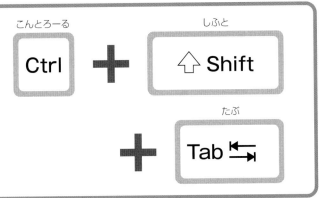

こんとろーる
Ctrl

しふと
⇧ Shift

たぶ
Tab ⇄

僕がプレゼン資料を作るとき
は、アウトライン表示にして、
スライドの見出しと内容を
ぱーっと文字入力、そのあと
各スライドのビジュアル要素
を詰めていくよ。そうすると、
何を言いたいか構成がはっき
りするんだ。もう一度ショー
トカットを押すと、サムネイ
ル表示に戻るよ。

こんな
感じ！

スライドの構成を文で考える

①サムネイル

あなたはネコに好かれている

切り替わる ②アウトライン

アウトラインのテキストは、Tab
で階層下げ、Shift+Tabで階層
上げになるよ。

162

プレースホルダーに移動する

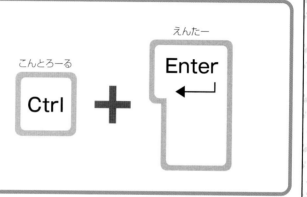

こんとろーる
Ctrl

＋

えんたー
Enter
←

パワーポイントのスライドには「タイトルを入力」とか「テキストを入力」とかいろんな枠が表示されてるでしょ。あれがプレースホルダーだよ。このショートカットを使うと、プレースホルダーをいちいち探してクリックしなくても、順番に移動して入力できるんだ。はかどるにゃ〜。

こんな感じ！

プレースホルダーにジャンプ

①プレースホルダーに入力したテキストは、②アウトライン（P.162）にも反映されるよ。

ガイドを表示

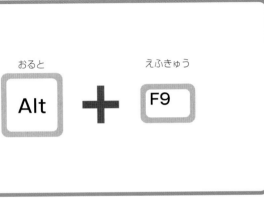

おると
Alt
＋
えふきゅう
F9

スライドを上下左右に分割する点線が「ガイド」。図やグラフの位置決めの目印だよ。自分の目指すレイアウトに合わせて、ドラッグして位置を変えよう。Ctrl を押しながらドラッグすると、ガイド線を増やせる。図やグラフを動かすとガイドに吸着するので、きちんと揃えて置けるよ。

こんな感じ！

ガイドに沿って配置

ガイド線をドラッグで位置変更。
Ctrl＋ドラッグで線を増やせる。
ガイドはスライド全体で共有。

グリッド線を表示

しふと

⇧ Shift

＋

えふきゅう

F9

グリッド線は、スライド上に表示される格子状の点線のこと。ガイドと同じように、スライドに図形を同じ間隔できちんと配置する目安に使うんだ。グリッド線の格子のサイズは、「表示」タブの「表示」欄右下をクリックすると現れる「グリッドとガイド」設定で変えられるよ〜。

グリッド設定はここ！

こんな感じ！

グリッドの設定を変えるには、①「表示」タブの②「表示」欄右下にある③の矢印をクリックする。

ルーラーを表示

おると
Alt

＋

しふと
⇧ Shift

＋

えふきゅう
F9

このショートカットを押すと、スライドの上と左に、数字がずらっと表示される。これがルーラーで、テキストのマージンを設定したり、オブジェクトをスライドに揃えて配置する目安に使うんだ。ルーラー上のマークの意味は、ワード（P.125）とほとんど共通だぞぉ。

こんな感じ！

配置を決める「ルーラー」

テキストのマージン設定のほか、表の枠サイズを変えたり、ガイド線を決める目安にもできるよ。

166

選択ダイアログを表示

おると
Alt
＋
えふじゅう
F10

スライド上でオブジェクトを選択しようとすると、ほかのオブジェクトが邪魔してイライラMAX！ そういうとき便利なのが、選択ダイアログ。スライド上の全オブジェクトを一覧表示するので、名前で選べるにゃ。目のアイコンをクリックすると、オブジェクトを非表示にもできるよ。

こんな感じ！

全オブジェクトをリスト表示

表示

非表示

①「選択」欄でオブジェクトをラクに選択。②目のアイコンをクリックすると非表示にできる。

図形の属性をコピー、貼り付け

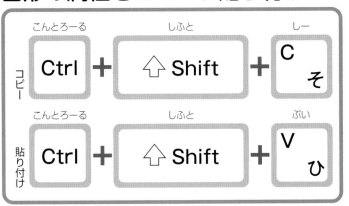

コピー

こんとろーる　**Ctrl** ＋ しふと　**⬆ Shift** ＋ しー　**C** そ

貼り付け

こんとろーる　**Ctrl** ＋ しふと　**⬆ Shift** ＋ ぶい　**V** ひ

オブジェクトの塗りや縁取りを、別のオブジェクトにも再現したいときに便利な機能。まずは元になるオブジェクトを選択して Ctrl + Shift + C で属性コピー。その後、別のオブジェクトを選んで Ctrl + Shift + V で属性を貼り付ける。統一感のあるデザインで、すてきに作ろう。

左の属性をコピー

残り2つに属性を貼り付け！

オブジェクトをグループ化する

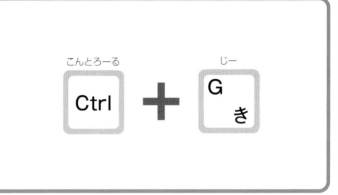

Ctrl + G き

こんとろーる　じー

関連するオブジェクトをグループ化しておけば、まとめて動かせるよ。Ctrlを押しながらオブジェクトを順にクリックし、複数選択したらCtrl+Gを押せばいい。グループ化したオブジェクトは、オレたちみたいにいつもいっしょに移動するよ。グループ解散はCtrl+Shift+Gだぁ。

こんな感じ！

グループ名も付けられる

①グループ化のオブジェクトは、②「選択」欄でグループ名を付けたり、▶をクリックで開閉可能。

169

次のオブジェクトを選択する

たぶ
Tab ⇤⇥

スライド上で、あるオブジェクトが、ほかのオブジェクトの影になって、思うように選べないときがある。そんなときは Tab を何度か押してみよう。選択していたオブジェクトの下にあるオブジェクトが選択されるよ。その逆に、前面にあるオブジェクトを選択するには、Shift + Tab だ。

選択オブジェクトをTabで切り替え

こんな感じ！

おやつ
まだか

選択ダイアログ (P.167) の上から下に移動するのがTab、下から上に移動するのがShift+Tabだ。

170

重なり順を変える（前に、後に）

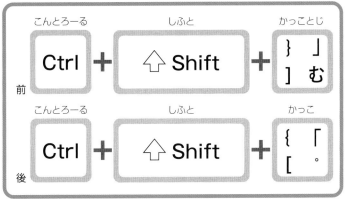

前

こんとろーる		しふと		かっことじ
Ctrl	+	⇧ Shift	+	} 」] む

後

こんとろーる		しふと		かっこ
Ctrl	+	⇧ Shift	+	{ 「 [。

スライドに図形を追加したら、他のオブジェクトが隠れた！そんなときに使う機能。図形の前後の重なり順を変えるよ。Ctrl＋Shift＋]で前に、Ctrl＋Shift＋[で後ろに移動する。Ctrl＋Shiftを押したまま、]または[を繰り返し押すと、どんどん前にまたは後ろに移動するよ。

これが

こう！

図形サイズを変更(拡大、縮小)

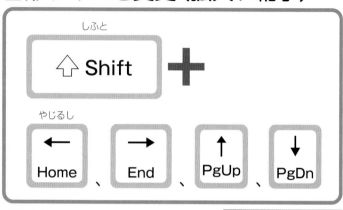

しふと

⬆ Shift ＋

やじるし

← Home 、 → End 、 ↑ PgUp 、 ↓ PgDn

この図形、ちょっとだけ大きくしたいなぁ……ってときに便利。[Shift]+[↑]で上下に大きく、[Shift]+[→]で左右に大きくなる。逆に小さくしたいときは、[Shift]+[↓](上下縮小)と[Shift]+[←](左右縮小)だよ。さらに[Ctrl]を追加すると、一度に変わる量が少なくなるので、微調整にいいぞぉ。

こんな感じ!

微妙なサイズ調整はまかせて!

Shift+↑
(上下拡大)

Shift+→
(左右拡大)

Shift+↓
(上下縮小)

Shift+←
(左右縮小)

上下比率を変えずに拡大したいときは、Shiftを押したまま図形の角をドラッグ。

172

フォントをまとめて設定する

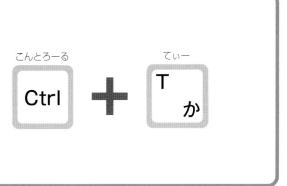

こんとろーる
Ctrl

＋

てぃー
T
か

オブジェクト、プレースフォルダーを選択してこのショートカットを押すと「フォント」ダイアログが開き、文字サイズや色などを一括変更できる。何も選択していないと動作しないよ。オブジェクトの全選択は Ctrl+A、オブジェクトを選択に追加／削除するには、Shift を押しながらクリック。

こんな感じ！

文字設定をまとめて変更できる

Ctrl+Tで「フォント」ダイアログが開き、文字設定をまとめて変えられる。

173

スライドショーを開始する

えふご

F5

Cats talk

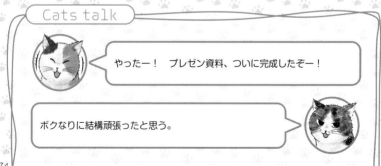

やったー！　プレゼン資料、ついに完成したぞー！

ボクなりに結構頑張ったと思う。

174

オレも気が付けば食べるのをやめてたし。

と言っても作ってたのは僕だけどね。

……そうだけどね（笑）

そしたら、いっちょリハーサルしてみるか。

スライドショー開始は 「F5」をポチっと。

ねぇねぇ、せっかくのところ、水を差して悪いんだけどさー、ボクらそこまでやる必要ないんじゃね？　ネコ、会社行けないし……。

……ハッ!!

次のスライドを表示

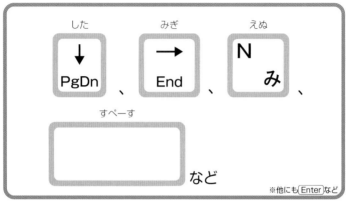

した
↓
PgDn

、

みぎ
→
End

、

えぬ
N
み

、

すぺーす
[　　　　　]

など

※他にも Enter など

スライドショー再生中、次の
スライドに移動するには、な
んと5種類ものショートカッ
トが使えるよ！ しかもどれ
もキーひとつで機能するから、
組み合わせを覚える必要な
し！ これはプレゼン中に操
作で気を散らさないようにと
いう配慮だな。そうそう、マ
ウスクリックでもOKさ！

スライド再生中に絶対使うよ

こんな感じ！

スライド 2/11

「次のスライドを表示」するショー
トカットは、いろんなキーがある
よ。好みのものを使おう。

前のスライドを表示

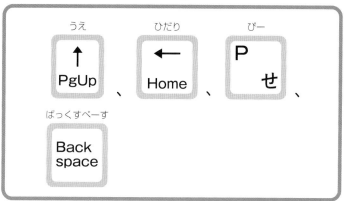

うえ
↑
PgUp
、

ひだり
←
Home
、

ぴー
P
せ
、

ばっくすぺーす
Back space

これもたくさんのキーが、ショートカットに割り振られているね。「次のスライドを表示」で使うキーと対になっているよ。どれもキーひとつで機能するから、使いやすいね。Fn + Home で最初のスライド、Fn + End で最後のスライドにジャンプする機能も、覚えておくと役立つかも。

こんな感じ！

「戻る」キーもたくさん！

スライドの移動を全部マウスで操作したかったら、ホイールでも動かすことができるよ。

177

指定したスライドに移動する

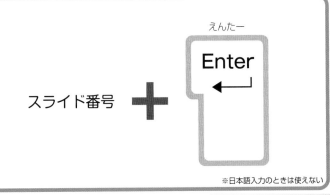

えんたー

Enter

スライド番号 ＋

※日本語入力のときは使えない

おいおい、これってすっごくない？ スライドショーを再生中に、数字＋Enterを押すと、その番号のスライドに瞬間移動できるんだよ！ かっきぃー！「それってスライドの番号覚えてないと意味ないんじゃねぇーのー？」って言われたら、そうなんだけどさぁー……。

こんな感じ！

任意のスライドにジャンプ！

プレゼンを2画面で出力しているときは、発表者側にはスライド番号が表示されるので参考に！

スライドショーを中断する

えす

S

と

ど、どーしよう！ ご主人がプレゼン中に緊張しすぎて、急にトイレに行きたくなったら！ あの人、けっこう本番に弱いからなぁ〜。心配になってきたにゃ〜！

そういうときは、⑤でスライドショーを一時停止だぁ。ちなみにここで⑧を押すと画面が真っ黒に、⑩を押すと画面が真っ白になる。中断中に画面を消しておきたいときは使うといいぞぉ。

スライドショーを終了する

えすけーぷ

ESC

プレゼンが無事終わった～！ あとは Esc を押すとスライドショー再生モードから抜けて通常画面になるよ。

いきなり終了せずに、スライドショーの最後にお礼や連絡先を表示させておくのもアリだと思うぞぉ。

スライドの最後も気を抜かない！

ご清聴ありがとうございました。

発表者	株式会社ねこひめと ネコ御 猫えにこ子
メール	nekomimi@ www.xxxx.co.jp
Webサイト	http://www.xxxx.co.jp

プレゼン後に表示し続けても違和感がないスライドを、最後に1枚作っておくとグッド。

すべてのスライドを表示

こんとろーる
Ctrl

えす
S と

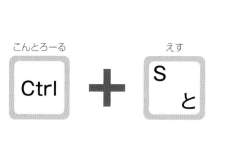

スライドショーの再生中に、「あっ、ちょっと前のスライドを、もう一度見せて」なんて言われたら、あわてずにこれだぁ。スライド名を一覧できる「すべてのスライド」欄が表示されるから、そこからジャンプできるぞぉ。もとのスライドに戻るときも、この機能を使おう。

こんな感じ！

スライド一覧を表示

①からスライド名を選んで②で移動。前のスライドに戻るときは、③を参照しよう。

再生中のスライドを拡大する

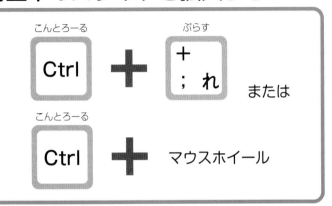

こんとろーる
Ctrl

ぷらす
+
; れ

または

こんとろーる
Ctrl

+

マウスホイール

スライドショー再生中に、図の一部が小さくてよく見えないんだけどーなんてときは、これ！ スライドの一部分を拡大して表示できるよ。拡大表示中は、マウスのカーソルが手のひらアイコンに変わり、ドラッグして表示位置を変えられる。元の縮尺に戻るには、Escだよ。

これが

こう！

182

レーザーポインターに変更

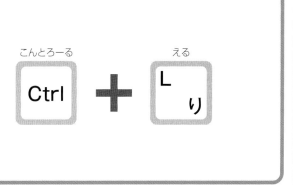

こんとろーる

Ctrl ＋ L り

える

あっ、レーザーポインターを忘れた！ってときにはこれ！スライドショーの再生中にこのショートカットを使うと、マウスのカーソルがぼんやり光った赤い二重丸に変化。レーザーポインターのつもり……なんだね！これでスライドの部分をその場で指示しながらプレゼンできるよ。

こんな感じ！

ポインターの色も変えられる

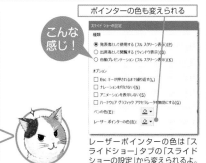

レーザーポインターの色は「スライドショー」タブの「スライドショーの設定」から変えられるよ。

マウスポインターをペンに変更

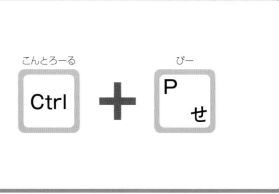

こんとろーる
Ctrl

＋

ぴー
P
せ

普通は「印刷」を意味するショートカットだけど、スライドショー再生中だけは機能が変わるよ。マウスカーソルが赤丸になって、スライドに書き込みができるんだ！「ここは！」っていう場所を囲んで強調したり、ライブ感覚でプレゼンできるよ。[Ctrl]+[I](アイ)で蛍光ペンに変わる！

こんな感じ！

再生中にライブで書き込み！

スライドショーを見ている人の反応をうかがいながら、即興で丸や矢印を書き込める。Eを押すと消える。※日本語入力はオフでないとEで消せない。

184

ご主人はアラームで飛び起き、パソコンを抱えて
ボサボサの髪のまま飛び出していった。

僕たちは何事もなかったかのように
これからゆっくり寝ちゃいます。

今度の日曜は何をしてもらおうかな。
今から楽しみだ。

Windows10

ショートカットキー 一覧

Word 2019

ショートカットキー 一覧

PowerPoint 2019

著者
宮本朱美

イラスト
七海ときな

Staff

本文デザイン・協力
小宮山裕 (稀人舎)
株式会社エレファンテ
田中健士

編集
宮本朱美

デスク
田中健士

編集長
石坂康夫

商品に関する問い合わせ先

インプレスブックスのお問い合わせフォームより入力してください。　https://book.impress.co.jp/info/
上記フォームがご利用頂けない場合のメールでの問い合わせ先　info@impress.co.jp

※本書の内容に関するご質問は、お問い合わせフォーム、メールまたは封書にて書名・ISBN・お名前・電話番号と該当するページや具体的な質問内容、お使いの動作環境などを明記のうえ、お問い合わせください。
※電話やFAX等でのご質問には対応しておりません。なお、本書の範囲を超える質問に関しましてはお答えできませんのでご了承ください。
※インプレスブックス (https://book.impress.co.jp/) では、本書を含めインプレスの出版物に関するサポート情報などを提供しておりますのでそちらもご覧ください。
※該当書籍の奥付に記載されている初版発行日から3年が経過した場合、もしくは該当書籍で紹介している製品やサービスについて提供会社によるサポートが終了した場合は、ご質問にお答えしかねる場合があります。

落丁・乱丁本などの問い合わせ先
TEL　03-6837-5016　FAX　03-6837-5023
service@impress.co.jp
受付時間／10:00-12:00、13:00-17:30
（土日、祝祭日を除く）
※古書店で購入されたものについてはお取り替えできません。

書店／販売店の窓口
株式会社インプレス 受注センター
TEL　048-449-8040
FAX　048-449-8041
株式会社インプレス 出版営業部
TEL　03-6837-4635

猫が教えるショートカットキー 150

2020年5月1日　初版第1刷発行

著　者　宮本朱美
発行人　小川 亨
編集人　高橋隆志
発行所　株式会社インプレス
　　　　〒101-0051　東京都千代田区神田神保町一丁目105番地
　　　　ホームページ　https://book.impress.co.jp/

Copyright ©2020 Impress Corporation
印刷所　株式会社リーブルテック
ISBN 978-4-295-00851-4　C3055
Printed In Japan